几何画板辅助数学教学技术开发

顾新辉 编著

苏州大学出版社

图书在版编目(CIP)数据

几何画板辅助数学教学技术开发/顾新辉编著. ——苏州:苏州大学出版社,2017.3(2021.8重印)
ISBN 978-7-5672-2060-7

Ⅰ.①几… Ⅱ.顾… Ⅲ.①几何-计算机辅助教学-应用软件-高等师范院校-教学参考资料 Ⅳ.①O18-39

中国版本图书馆 CIP 数据核字(2017)第 048747 号

几何画板辅助数学教学技术开发

顾新辉 编著

责任编辑 肖荣

苏州大学出版社出版发行
(地址:苏州市十梓街1号 邮编:215006)
广东虎彩云印刷有限公司印装
(地址:东莞市虎门镇黄村社区厚虎路20号C幢一楼 邮编:523898)

开本 700×1000 1/16 印张 13.25 字数 245 千
2017 年 3 月第 1 版 2021 年 8 月第 3 次印刷
ISBN 978-7-5672-2060-7 定价:42.00 元

图书若有印装错误,本社负责调换
苏州大学出版社营销部 电话:0512-67481020
苏州大学出版社网址 http://www.sudapress.com
苏州大学出版社邮箱 sdcbs@suda.edu.cn

前 言

信息技术的飞速发展,已深深影响着教学方法和手段的变化,同时也影响着教学实践和理念的变革,数学教学也不例外。随着新课改的不断深入,信息技术与数学课程整合的水平也在不断提高。一位数学教师能否亲自制作一个微型教学课件或是一个优秀微课,已成为许多地方评选优秀教师的一个重要指标。

在众多的数学辅助教学软件中,几何画板有着许多独特的优越性,其中动态性,即动态地保持几何关系不变,是它的最大亮点,这为学生或者教师进行观察、猜想、实验和证明提供了非常理想的"实验场所"。

本书从一位数学教师的角度,以一定的高视点,结合多年的教学经验和心得体会,通过从小学到大学丰富的教学实例,讲解如何用几何画板辅助数学教学技术开发,不仅授之以鱼,而且授之以渔。本书的每一个案例都配有技术开发指南和源程序,对于难点或重点,还附有微课讲解。有微课的小节标题后都标有一个视频播放的小图标。(源程序和微课下载地址为 www.sudajy.com)

本书分三个篇章:牛刀小试篇、渐入佳境篇和炉火纯青篇。牛刀小试篇从一位初学者的角度出发,介绍如何快速进入角色,具体分析一些菜单的功能与用途;渐入佳境篇从具有基本的几何画板操作能力的角度出发,结合模块化思想,对脚本工具和函数进行开发设计;炉火纯青篇从综合运用的角度出发,让几何画板的开发达到出神入化的境界。牛刀小试篇由河北师范大学杨树元老师编写。

阅读本书的最终目标是能解读一个陌生的中等难度的几何画板文件,能轻松驾驭几何画板,遨游于数学实验的海洋中。

目 录

牛刀小试篇

第1章 初 识
1.1 工具箱 …………………………………………………………… 3
1.2 菜单栏 …………………………………………………………… 9
拓展练习 ……………………………………………………………… 33

第2章 构 图
2.1 静态图 …………………………………………………………… 35
2.2 动态图 …………………………………………………………… 50
拓展练习 ……………………………………………………………… 79

渐入佳境篇

第3章 工 具
3.1 正方体 …………………………………………………………… 83
3.2 箭头工具解读 …………………………………………………… 87
3.3 比较两数大小 …………………………………………………… 90
3.4 正方体侧面展开 ………………………………………………… 91
3.5 判断三角形三个顶点排列顺序工具 …………………………… 96
3.6 底面内接于圆的"虚实转化"的四棱锥旋转直观图 ………… 97
3.7 椭圆工具 ………………………………………………………… 101
3.8 三阶行列式计算工具 …………………………………………… 103
3.9 绘制过三点的抛物线 …………………………………………… 105
3.10 创建工具"画过五点的二次曲线" …………………………… 106

3.11 创建工具"二次曲线的切线" …………………… 107

3.12 中国联通 logo ………………………………… 108

拓展练习 ………………………………………… 111

第4章 迭 代

4.1 n 等分一条已知线段 …………………………… 113

4.2 圆的内接正多边形 ……………………………… 116

4.3 圆的面积 ………………………………………… 117

4.4 分形草 …………………………………………… 121

4.5 谢宾斯基地毯 …………………………………… 123

4.6 谢宾斯基地毯正方体 …………………………… 124

4.7 勾股树 …………………………………………… 126

4.8 ICME 会徽 ……………………………………… 127

4.9 定积分的几何意义 ……………………………… 130

4.10 牛顿法求一元三次方程的近似解 ……………… 134

4.11 等差数列前 n 项和 …………………………… 136

4.12 函数的迭代 Mandelbrot 集 …………………… 137

4.13 $\sin x$ 的泰勒展开 ……………………………… 139

拓展练习 ………………………………………… 141

第5章 函 数

5.1 截尾函数 $\text{trunc}(x)$ …………………………… 143

5.2 四舍五入函数 $\text{round}(x)$ …………………… 146

5.3 符号函数 ………………………………………… 148

拓展练习 ………………………………………… 168

炉火纯青篇

第6章 探 索

6.1 数字方格 ………………………………………… 169

6.2 魔术揭秘——洞的成因 ………………………… 176

6.3 空间曲线和曲面 ………………………………… 180

6.4 完全图 …………………………………………… 189

 6.5 蒲丰投针 …………………………………………… 193
 6.6 组合数的计算 ……………………………………… 197
 6.7 杨辉三角 …………………………………………… 199
 拓展练习 ………………………………………………… 202

参考文献 ……………………………………………………… 203

牛刀小试篇

几何画板是由美国 Key Curriculum Press 公司开发的优秀辅助教学软件，能把抽象的数学形象化。它以点、线、圆为基本元素，通过对这些基本元素的变换(平移、旋转、缩放、反射和迭代)，构造出其他较为复杂的图形，并以其最大的亮点"动态性"，即可以用鼠标拖动图形上的任意元素(点、线或圆)，而事先给定的所有几何关系都保持不变，为教师和学生提供了一个探索几何图形内在关系的实验环境，有利于把握几何关系中的本质特征，深入几何的精髓。它操作简单，只要用鼠标单击工具栏和相应菜单栏的相关命令就可以进行微型课件开发。一般地，如果设计思路清晰，开发一个难度适中的课件只要 5～10 分钟。

第1章 初 识

◇ **技术指南**

会启动几何画板，初步认识几何画板中的工具箱和菜单栏，掌握工具箱中各工具的相关操作。

◇ **安装与启动**

安装：登录网址 www.keycurriculum.com/sketchpad/download，下载 Windows 版的压缩软件包 InstallSketchpad.zip，解压后双击 InstallSketchpad.exe 文件，然后按照相应提示进行操作。

启动：和启动 Windows 其他应用程序一样，可以采用如下几种方法：

(1) 双击桌面上的几何画板快捷方式 。

(2) 选择"开始"→"所有程序"→"几何画板 5.0x 最强中文版"。

(3)双击任何一个用几何画板创建的文件(后缀名为＊.gsp)。

✿ 几何画板界面

如图 1-1 所示(说明:已换为中文界面),几何画板界面包含标题栏、菜单栏、工具箱、最小化、最大化和关闭按钮、状态栏等。其中工具箱(如图 1-2)中从上到下依次是"移动箭头工具""点工具""圆规工具""线段直尺工具""多边形工具""文本工具""标识工具""信息工具"和"自定义工具",可以根据需要将工具箱拖到画面的任意位置(鼠标移至"移动箭头工具"的上方,按住鼠标左键拖动,发现有一个矩形区域在移动,放到合适的地方即可,如图 1-3 所示为放在绘图区的下方的情形)。

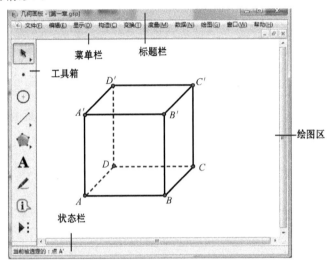

图 1-1

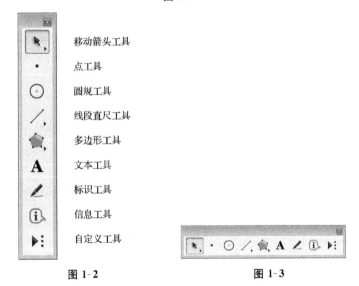

图 1-2   图 1-3

1.1 工具箱

1.1.1 移动箭头工具

"移动箭头工具"的默认状态是用于对象选择和平移,若将鼠标移至该工具上,按下左键,则会弹出"移动箭头工具""旋转箭头工具"和"缩放箭头工具"三个变换工具,单击某个工具,则表示已选中该工具。

小提示:在"移动箭头工具"右下角有个小三角形,表示点开还有其他选项,如"线段直尺工具""多边形工具"等。

1.1.2 点工具

"点工具"主要用于画点。当用鼠标单击"点工具"时,鼠标的头部像粘上一个点,在绘图区的任意位置单击,则会在单击处出现一个点。

小提示:刚画出的点处于被选中状态(点的外围多了一个圆圈,如图1-4所示),若要改为非被选中状态,只需单击"移动箭头工具",然后单击空白区域;也可按键盘上的【Esc】键。

(a)被选中状态　　　　(b)非被选中状态

图 1-4

1.1.3 圆规工具

"圆规工具"主要用于画圆。画圆只要两个要素即可:圆心和半径。当用鼠标单击"圆规工具"时,表示选中"圆规工具",在绘图区的任意空白处单击鼠标左键,表示此处即为圆心所在位置,再移动鼠标(此时发现有一个圆粘在鼠标上)到另一处单击,一个圆在绘图区画出,并处于被选中状态,如图1-5所示。

(a)被选中状态　　　　(b)非被选中状态

图 1-5

1.1.4 线段直尺工具

"线段直尺工具"主要用于画线段、射线和直线。它的默认状态是"线段直尺工具",单击"线段直尺工具",在绘图区的空白区域单击鼠标左键,则确定一个端点,再在另一处单击,则线段的另一端点确定,如图 1-6 所示。

(a) 被选中状态　　　　　　(b) 非被选中状态

图 1-6

小提示:当用鼠标选择其他工具完成操作后,单击"移动箭头工具",并在绘图区的空白处单击或连续按两次【Esc】键,表示取消该工具。

"点工具""圆规工具""直尺工具"的核心是"点工具"。因为圆还可以这样构造:先后选中两个点,选择"构造"→"以圆心和圆周上的点绘圆(C)"命令(如图 1-7),则可以构造一个圆,其中第一个选择的点为圆心,第二个选择的点为圆周上的一点,两点之间的距离即为圆的半径。类似地,要构造一条线段,可以先后选中两个点,选择"构造"→"线段"命令,即可构造一条以所选中的两点为端点的线段。

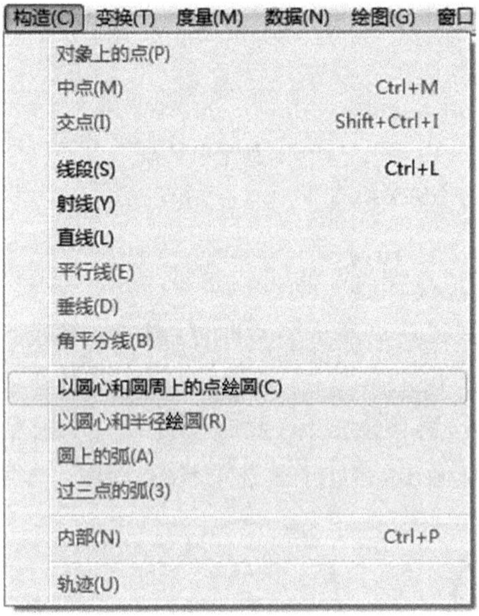

图 1-7 　　　　　　　　　　　图 1-8

例 1　画一个圆,并画出它的一条半径。

◆ **运行效果**

图 1-8。

◆ **技术指南**

构造圆的方法。

◆ **制作步骤**

方法一：单击"圆规工具"，在绘图区单击以确定圆心，再移至另一处单击，绘制出一个圆。单击"移动箭头工具"，再在绘图区的空白处单击，最后分别单击圆心和圆上一点（此点为控制圆的大小的点，今后一般不选该点），选择"构造"→"线段"命令，如图1-8所示。

方法二：单击"圆规工具"，在绘图区的空白处单击以确定圆心，再移至另一处单击，绘制出一个圆，按两次【Esc】键，再依次选择圆心和圆上一点，按住【Ctrl】键的同时再按【L】键，则得到如图1-8所示的图。圆上的那个点可以控制圆的半径。半径可考虑更换为在圆上再任取一点与圆心相连所得到的线段。

小提示：一些常用的快捷键非常实用，如画线段的快捷键为【Ctrl】+【L】，复制的快捷键为【Ctrl】+【C】，拷贝的快捷键为【Ctrl】+【V】。

1.1.5 多边形工具

"多边形工具"主要用于画多边形。它有"多边形工具""多边形和边工具"和"多边形边工具"三种选项状态。当用鼠标在屏幕上任意单击若干个位置（点），并在最后一个点上双击时，多边形（可以是凸的，也可以是凹的）即可画成。如图1-9所示是分别用这三种状态画的五边形。

　　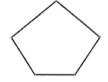

（a）多边形工具　　（b）多边形和边工具　（c）多边形边工具

图 1-9

1.1.6 文本工具

"文本工具"主要用于显示或隐藏点、线和圆的标签，或者添加说明文本。如图 1-10 所示是输入文本时状态栏所显示的内容，表示可以像 Word 一样修改文本的属性（如加粗、斜体、加下划线、改变文字的字体和颜色等）。

图 1-10

当选中"文本工具"后,移动鼠标到一个点上,鼠标由一个空心的手形转变为一个实心的手形 时,单击鼠标即可显示该点的标签,双击该标签,如图 1-11 所示,可以修改相应的标签。

图 1-11

例 2 画一个如图 1-12 所示的四边形 $ABCD$,并构造每条边的中点,连结相应的中点构造一个新的四边形。

◆ 运行效果

图 1-12。

◆ 技术指南

构造线段中点的方法。

◆ 制作步骤

(1) 构造图形。选择"多边形工具"中的"多边形边工具",仿照图 1-12 中四个点 A,B,C,D 的顺序在绘图区依次单击四个位置(确定四个顶点),并在最后一个点处双击鼠标,则得到一个四边形(此时该四边形处于被选中状态),选择"构造"→"中点"命令,则得到该四边形四条边的中点。再选择"构造"→"线段"命令,则得到一个新的四边形。

(2) 修饰图形。单击"文本工具",将鼠标移至绘图区顶点处,变为实心的手形,单击鼠标,则显示该点的标签。也可选择"移动箭头工具",然后依次单击原先的四个顶点,选择"显示"→"显示标签"命令,则显示它们的相应标签 A,B,C,D,依次选择新画的四边形的四条边,选择"显示"→"颜色"命令,移动鼠标到"红色"并单击,则边的颜色改为红色。

小提示：(1)中构造四边形也可以这样操作：单击"点工具"，在绘图区按照如图 1-12 所示的顺序画好四个点 A,B,C,D，再依次选择这四个点，按快捷键【Ctrl】+【L】(相当于选择"构造"→"线段"命令)，则得到四边形 $ABCD$。

例3 画出如图 1-13 所示的图形。

◆ 运行效果

图 1-13。

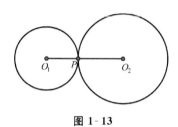

图 1-13

◆ 技术指南

(1) 修改点的标签的方法。

(2) 保证两圆外切的方法。

◆ 制作步骤

(1) 画线段 O_1O_2。选择"直尺工具"中的"线段直尺工具"命令，在绘图区按照图 1-13 所示先后在 O_1,O_2 位置单击鼠标，得到一条线段。选择"文本工具"，把鼠标移至右边的端点，选择"显示"→"显示标签"命令，则显示标签为 A，如图 1-14(a)所示，(将鼠标移到字母 A 上)双击标签 A，显示如图 1-14(b)所示的对话框，在标签栏中输入"O[2]"(英文状态下输入，前面的为大写英文字母 O，输入方法是同时按住【Shift】和【O】键)，则最后显示的点的标签为 O_2，类似地，修改线段左端点的标签为 O_1。

(a)　　　　　　　　　　　　(b)

图 1-14

(2) 画两个互相外切的圆。先在线段 O_1O_2 上任取一点 P，方法是单击线段 O_1O_2，选择"构造"→"线段上的点"命令，则在线段 O_1O_2 上构造出一点，并用第一步中的方法修改其标签为 P，把点 P 拖到适当的位置。依次选中点 O_1，P，选择"构造"→"以圆心和圆周上的点绘圆"命令，构造一个圆，依次选中点 O_2，P，同样选择"构造"→"以圆心和圆周上的点绘圆"命令，构造另一个圆。

(3) 修改两个圆的颜色。选中左边的圆，选择"显示"→"颜色"→"红色"命令。

小提示：(1) 标签中经常会用到下标和上标。在几何画板中，可以通过输入"[1]"显示下标"$_1$"，通过输入"{^1}"显示上标"^{1}"。在具体输入时双引号(" ")不输入，且都在英文状态下输入。

(2) 画水平、竖直或与水平线成 45°方向的直线(线段或射线)时，可用【Shift】键来辅助。

1.1.7　标识工具

"标识工具"可以创建角标记，标识相等的角度或者直角，也可以标识相等的线段或者相互平行的线，还可以通过角标记进行角度测算。对于图 1-15(a)所示的角，可以增加一个角度标记，单击"标识工具"，将鼠标移至角的顶点并单击，按住鼠标左键不放，再向角的开口方向移动，然后释放左键，则会得到如图 1-15(b)所示的效果。

小提示：当选择"标识工具"后，在角的阴影部分多单击一次，标记就多一重，最多可以有四重标记，如图 1-15(c)所示。

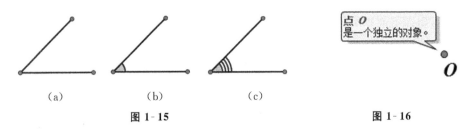

(a)　　　　　(b)　　　　　(c)

图 1-15　　　　　　　　　　　图 1-16

1.1.8　信息工具

"信息工具"主要用于显示某个点、线段或圆的信息。单击"信息工具"，把鼠标移至某个具体的对象(点、线段或圆)，鼠标会显示为一个带问号的图标，单击，则显示该对象的相关信息，如图 1-16 所示，显示信息为"点 O 是一个独立的对象"。

小提示：独立的对象表示其在几何画板的操作中位于"父亲"的角色，由它可以构造线段、圆等其他复杂图形。

1.1.9 自定义工具

"自定义工具"可以存放一些常用的工具或自己制作好的工具，以便今后重复使用，这是体现模块化思想的重要部分。自定义工具通常保存在安装目录的相应文件夹下，若默认安装路径，则位于 C:\Program Files\Sketchpad5\Tool folder 文件夹，具体讲解详见第 3 章。

1.2 菜单栏

1.2.1 "文件"菜单

"文档选项"命令主要用于文档管理。选择"文件"→"文档选项"命令（如图 1-17），打开如图 1-18 所示的"文档选项"对话框，有两个视图类型：页面和工具。"页面"类型中，可以增加页（增加空白页或复制文档中的某一页），修改页的名称，此功能类似于用 PPT 制作多个页面。"工具"类型（如图 1-19）中可以复制或删除工具等。

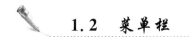

图 1-17

图 1-18

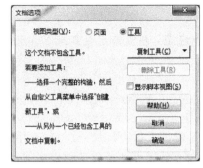

图 1-19

1.2.2 "编辑"菜单

"编辑"菜单含有的命令相对比较丰富,具体见图 1-20,下面重点介绍几项。

1.2.2.1 "粘贴图片"命令

在 Windows 中选择一张图片(如一张大桥图片),复制,在几何画板的绘图区绘制两个点,依次选中这两个点(作为要粘贴区域的对角点),选择"编辑"→"粘贴图片"命令,则图片显示在以这两个点为矩形对角线顶点的矩形区域内,图 1-21 即为相应的效果图。通过改变两个点的位置可以调整粘贴图片区域的大小。

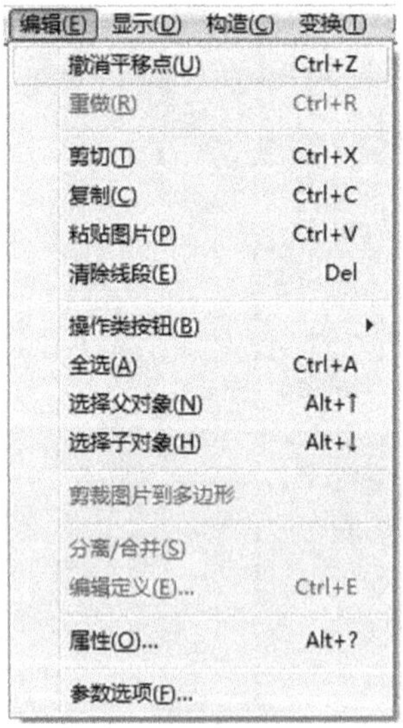

图 1-20

图 1-21

1.2.2.2 "操作类按钮"命令

"操作类按钮"命令主要用于制作动画,其中包含"隐藏/显示""动画""移动""系列""声音""链接""滚动"命令,如图 1-22 所示。

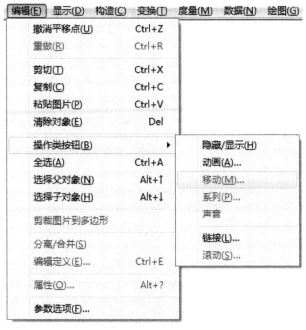

图 1-22

下面结合平行四边形拼接为矩形的动画简要阐述该命令。

例 4 用动画演示平行四边形面积公式的推导过程。

◇ **运行效果**

单击图 1-23 中的"拼接"按钮,则动画演示由平行四边形拼接为矩形的过程,单击"复原"按钮,则返回到刚开始的平行四边形。

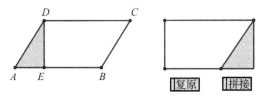

图 1-23

◇ **技术指南**

(1) "操作类按钮"中"移动"按钮的制作。

(2) "操作类按钮"中"显示/隐藏"按钮的制作。

(3) "标记向量"命令的功能。

◇ **制作步骤**

(1) 构造一个平行四边形 $ABCD$。选中"画线段工具",画线段 AB, AD,依次

选中点 A,D,选择"变换"→"标记向量"命令,选中点 B,选择"变换"→"平移"命令,得到点 C,依次选中点 C 和点 D,按【Ctrl】+【L】组合键,依次选中点 B 和点 C,按【Ctrl】+【L】组合键。

（2）制作"拼接"和"复原"按钮。选中线段 AB,选择"构造"→"线段上的点"命令,构造线段 AB 上一点 F,依次选中点 F,A,选择"编辑"→"操作类按钮"→"移动"命令,得到如图 1-24 所示的对话框,修改其标签"移动 $F→A$"为"复原",修改其"移动"属性为"高速",单击"确定"按钮。依次选中点 F,B,选择"编辑"→"操作类按钮"→"移动"命令,修改其标签"移动 $F→B$"为"拼接",保留其"移动"属性为"中速",单击"确定"按钮。

图 1-24

（3）制作平移过程动画。过点 D 作 $DE⊥AB$,垂足为 E。步骤是依次选中点 D 和线段 AB,选择"构造"→"垂线"命令,单击相交处得到点 E,隐藏线段 AD,AB 和垂线,依次选中点 A,D,E,选择"构造"→"线段"命令,依次选中点 E,B,选择"构造"→"线段"命令。再选中点 A,D,E,选择"构造"→"三角形的内部"命令,构造三角形 ADE 的内部（颜色修改为红色）。依次选中点 A,F,选择"变换"→"标记向量"命令,选中线段 AD,AE,DE 和三角形 ADE 的内部,选择"变换"→"平移"命令。选中点 A,线段 AD,AE 和三角形 ADE 的内部,选择"编辑"→"操作类按钮"→"隐藏/显示"命令,单击"隐藏对象"按钮,则刚才选中的这些对象全部被隐藏。单击"复原"按钮,则复位到原平行四边形位置;单击"拼接"按钮,则动态演示拼接过程。

1.2.2.3 "选择父对象"和"选择子对象"命令

这两个命令在设计程序和解读程序时都非常重要。例如,用画圆工具构造一个圆,选中圆周后,如图 1-25 所示,选择"编辑"→"选择父对象"命令,则显示如图 1-26 所示,表示这两个点是圆周的"父母",如果删除圆心（或删除圆周上的点,或同时删除圆心和圆周上的点）,该圆周也相应消失。所以在用几何画板设计程序时,不能随便删除一个父对象,但有时不希望其父对象显示在屏幕上,则可以先选中圆心和圆周上的点,然后选择"显示"→"隐藏点"命令,则圆心和圆周上的点消失,而圆周仍显示在屏幕上。

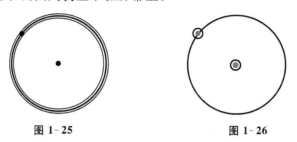

图 1-25　　　　　图 1-26

小提示:在几何画板中,任何对象的最终父对象都是点(独立的对象),这为解读他人的优秀程序带来很大方便,可以逐级追寻其父对象,直到其某个父对象是一个独立的对象为止,再从这个独立的对象出发,找出其子对象。

1.2.2.4 "分离/合并"命令

在设计程序时,尤其对于初学者,这个命令非常有用。比如,画一条线段 AB,其中点为 C,构造线段 AC,在线段 AC 上构造一个点 D。这时拖动点 D 会发现它只在线段 AC 上运动,而不是在线段 AB 上运动。如果要改为点 D 在线段 AB 上运动,可以按照下面的步骤更改:选中点 D,选择"编辑"→"从线段分离点"命令,则点 D 会脱离线段 AC,再依次选中点 D 和线段 AB,选择"编辑"→"合并点到线段"命令,则发现点 D 在线段 AB 上运动。具体过程见图 1-27。

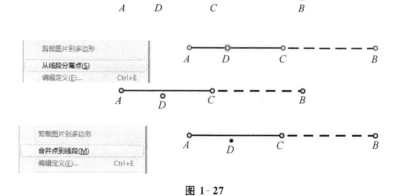

图 1-27

1.2.2.5 "参数选项"命令

一般参数设置

选择"编辑"→"参数选项"命令,进入"参数选项"对话框,有四个选项卡:单位、颜色、文本和工具。

1. 单位

图 1-28 显示的是有关单位的设置。

单击"角度"右边的 ⌄ 按钮,显示角度单位的三种选择:弧度,范围是 $-\pi \sim \pi$;度,范围是 $0°\sim180°$;方向度,范围是 $-180°\sim180°$。在画三角函数图象时应选择"弧度"。

单击"距离"右边的 ⌄ 按钮,显示距离单位的三种选择:像素、厘米和英寸。

无论角度还是距离都可以设置其精确度,精确度共有六种选择:单位(精确度为个位),十分之一(精确度为 0.1),百分之一(精确度为 0.01),千分之一(精确度为 0.001),万分之一(精确度为 0.0001),十万分之一(精确度为 0.00001)。

"其它"(包含斜率、比、面积等)的精确度是指度量出的线(线段、射线和直线)的斜率、两条线段长度的比、平面图形的面积等结果的精确度。

图 1-28

2. 颜色

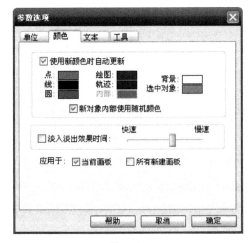

图 1-29

单击"颜色"选项卡，进入关于颜色的设置，如果不选中"使用新颜色时自动更新"复选框，那么使用新的颜色时不会自动更新。

"淡入淡出效果时间"是指选择"显示"→"追踪"命令形成的对象踪迹自动淡出的时间快慢。

3. 文本

单击"文本"选项卡，如图 1-30 所示，单击"改变对象属性"按钮，弹出如图 1-31 所示的对话框，其操作类似于 Windows 的文本操作。

图 1-30

图 1-31

4. 工具

单击"工具"选项卡，如图 1-32 所示，捕获能力分为"低的""中等"和"高的"。笔迹分为"自动""平滑曲线"和"绘图画笔"。其中信息工具中显示"父对象"或显示"子对象"对解读他人程序非常重要。

图 1-32

图 1-33

◇ **高级参数设置**

按【Shift】键,单击"编辑"→"高级参数选项"命令,则会进入如图 1-33 所示的对话框。

单击"输出"选项卡,其中图元文件的扩展名是.wmf(Windows 图元文件格式为 WMF),Windows 兼容计算机的一种矢量图形和光栅图格式,通常用于字处理剪贴画;另一种是只输出位图,即 BMP 格式。

单击"采样"选项卡,显示如图 1-34 所示,其中:

"新轨迹的样本数量"的范围是 20~250000 个像素,像素越大,轨迹越平滑;

"新函数图像的样本数量"的范围是 20~250000 个像素,像素越大,函数图像越平滑;

"最大轨迹样本数量"为 250000;

"最大迭代样本数量"的范围是 5~400000。

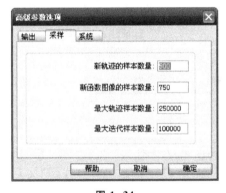

图 1-34

图 1-35

单击"系统"选项卡,显示如图 1-35 所示,其中"正常速度"为 1.0 厘米/秒,范围是 0～9000000000000000，数值越大，速度越快。"屏幕分辨率"是指每厘米长度中像素的多少，数值越大，坐标系中显示的单位长就越长。

"图形加速方式"有 DirectX 和 OpenGL 两种。OpenGL 只是图形函数库。DirectX 包含图形、声音、输入、网络等模块。OpenGL 稳定，可跨平台使用。DirectX 仅能用于 Windows 系列平台，包括 Windows Mobile/CE 系列以及 XBOX/XBOX360。

单击"编辑颜色菜单"按钮，弹出如图 1-36 所示的"编辑颜色菜单"对话框，其中颜色设置可以通过改变参数色调、饱和度、亮度和红色、绿色、蓝色的值来实现。

小提示："色调"是色与色之间的整体关系构成的颜色阶调，是与颜色主波长有关的颜色物理和心理特性；"饱和度"指颜色的强度或纯度，表示色相中灰色成分所占的比例，用 0%～100%（纯色）来表示；"亮度"是颜色的相对明暗程度，通常用 0%（黑）～100%（白）来度量。

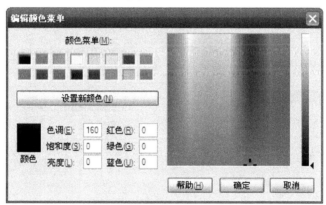

图 1-36

参数设置改变后，必须重新启动几何画板才能使设置生效（可通过改变屏幕分辨率为 137.795 像素/厘米来进行尝试）。

1.2.3 "显示"菜单

如图 1-37 所示是"显示"菜单对应的相应选项。

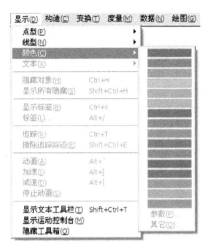

图 1-37

1.2.3.1 "点型"命令

如图 1-38 所示,"点型"命令中有四种不同的选项:"最小""稍小""中等"和"最大"。

图 1-38

图 1-39

1.2.3.2 "线型"命令

如图 1-39 所示,"线型"命令中可以进行组合选择,通常"线型"选用"细线"和"实线"(或虚线),效果比较理想。"点型"选择"稍小"。

点型从最小到最大,   点型从最小到最大,   点型从最小到最大,
线型从极细到粗线(实线) 线型从极细到粗线(虚线) 线型从极细到粗线(点线)

1.2.3.3 "颜色"命令(参数设置详见 6.1 节)

如果在按住【Shift】键时对线型、文本和颜色进行设置,那么仅对当前选择的对象有效。

1.2.3.4 "追踪"命令

"追踪"命令主要用于构造轨迹。如图 1-40(a)所示,点 A 是 $\odot O$ 外一点,点 B 是 $\odot O$ 上一点,点 C 是线段 AB 的中点,选中点 C,选择"显示"→"追踪中点"命令,拖动点 B,则显示其轨迹。同时按住【Ctrl】【Shift】【E】,则可擦除其轨迹。若同时选中点 B 和点 C,选择"构造"→"轨迹"命令,则显示点 C 的轨迹(为一个圆),如图 1-40(b)所示。

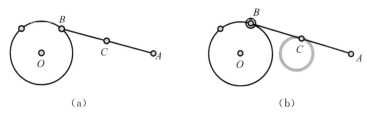

(a)　　　　　　　　　　　(b)

图 1-40

说明: 借助"追踪"命令,可以进行辅助探究。

1.2.3.5 "显示文本工具栏"命令

选中"文本"工具后,在绘图区拖出一个文本框,绘图区下方显示如图 1-41 所示,单击符号面板上的"$\boxed{\frac{\sqrt{2}}{3}}$",则显示如图 1-42 所示的面板,单击最右侧的箭头图案,则显示数学符号面板,单击相应符号即可进入数学符号输入界面,如图 1-43 所示。

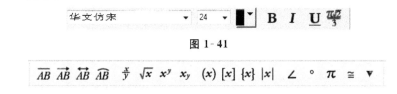

图 1-41

图 1-42

图 1-43

1.2.3.6 "显示运动控制台"命令

在图 1-40(b)中选中点 B，选择"显示"→"显示运动控制台"命令，则显示如图 1-44 所示的对话框，可以随时进行暂停、停止、调速等操作。

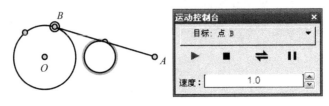

图 1-44

1.2.4 "构造"菜单

"构造"菜单如图 1-45 所示，在几何图形的构造中起着很重要的作用，它相当于欧氏几何中的尺规作图过程，只是模块化而已。

图 1-45

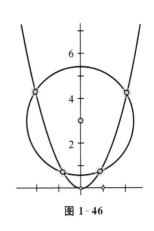

图 1-46

1.2.4.1 "对象上的点"命令

命令会根据选择对象的不同而发生改变。若选中一个圆，则"对象上的点"变为"圆上的点"；若选中一条线段，则"对象上的点"变为"线段上的点"。

1.2.4.2 "中点"命令

可以同时选中一条或多条线段，分别作出它们的中点。若画一个三角形 ABC，同时选中三条边，选择"构造"→"中点"命令，则三条边的中点同时作出。

1.2.4.3 "交点"命令

几何画板 5.0 以上的版本除了可以构造两条直线、直线与圆、圆与圆等的交点外,还可以构造直线和曲线、曲线与曲线的交点,这为探究教学带来了很大的方便。若同时选中抛物线 $y=x^2$ 和圆,选择"构造"→"交点"命令,则得到如图 1-46 所示的四个交点。

1.2.4.4 "线段""射线""直线"命令

选择两个点,可以构造线段、射线和直线。

1.2.4.5 "平行线""垂线"命令

选择一个点和一条直线(或线段、射线),可以构造平行线和垂线。

1.2.4.6 "角平分线"命令

依次选择三个点 A,B,C,选择"构造"→"角平分线"命令,则得到 $\angle ABC$ 的平分线 BD,如图 1-47 所示。

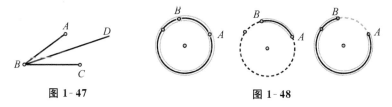

图 1-47   图 1-48

1.2.4.7 "圆上的弧"命令

按逆时针方向依次选择点 A,B,再选中圆周,选择"构造"→"圆上的弧"命令,则得到圆弧(劣弧)。若要得到优弧,则依次选择点 B,A,再选中圆周,选择"构造"→"圆上的弧"命令,则得到优弧,如图 1-48 所示。

1.2.4.8 "内部"命令

不同的选择会使菜单项发生相应变化,选中一段圆弧,则显示为"弧内部"(扇形或弓形内部),若选中多个点,不妨选 4 个,则显示为"四边形内部"。

1.2.4.9 "轨迹"命令

同时选中一个主动点(也称"父亲")和一个被动对象(点、线或圆)(也称"儿子"),主动点必须在它运动的路径(线、圆、轨迹、图象)上,选择"构造"→"轨迹"命令,则可保留被动几何对象(点、线或圆)的轨迹。图 1-40 中的点 B 是主动点,点 C 是一个被动点,主动点 B 在 $\odot O$ 上,选择"构造"→"轨迹"命令,得到点 C 的轨迹是一个圆。

又如,在图 1-49 中,选中点 C 和线段 AB,选择"构造"→"垂线"命令,得到

线段 AB 的垂线 CD,同时选中点 B 和垂线 CD,选择"构造"→"轨迹"命令,则得到如图 1-49 所示的轨迹(曲线的包络是一条双曲线)。

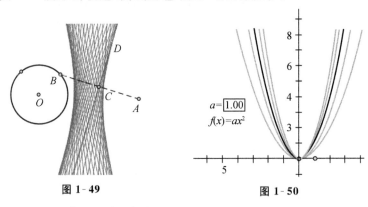

图 1-49   图 1-50

1.2.4.10 "函数系"命令

选择"数据"→"新建参数"命令,新建参数 $a=1.00$,选择"数据"→"新建函数"命令,得到 $f(x)=ax^2$,选择"绘图"→"绘制函数"命令,同时选中参数 $a=1.00$ 和函数图象,选择"构造"→"函数系"命令,得到图 1-50,可以对采样数量等进行设置,本例中采样数为 5。

小提示:"函数系"功能的操作用到后面的一些菜单,但这里不妨碍理解。

1.2.5 "变换"菜单

"变换"是几何画板构图中的重要功能,平移、旋转、缩放和反射包含了对图形的基本变换。图 1-51 显示了"变换"菜单下的功能。

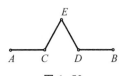

图 1-51   图 1-52

1.2.5.1 "标记中心""缩放"命令

如图 1-52 所示,在绘图区绘制点 A 和点 B,双击点 A,表示把点 A 标记为中心,选中点 B,选择"变换"→"缩放"命令,弹出"缩放"对话框,如图 1-53 所示,修改其比例为 $\frac{1}{3}$,单击"缩放"按钮得到点 B',修改其标签为 C;再选中点 B,选择"变换"→"缩放"命令,修改其比例为 $\frac{2}{3}$,单击"缩放"按钮得到点 B',修改其标签为 D;双击点 C(表示把点 C 标记为旋转中心),选中点 D,选择"变换"→"旋转"命令,如图 1-54 所示,修改"固定角度"为"60.0",得到点 E,依次构造线段 AC,CE,ED,DB。

图 1-53

图 1-54

1.2.5.2 "标记镜面"命令

如图 1-55 所示,构造一条线段 l 和三角形 ABC,双击线段 l,表示把它标记镜面,选中三角形 ABC,选择"变换"→"反射"命令,得到三角形 $A'B'C'$。

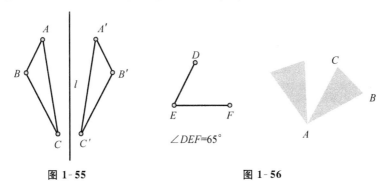

图 1-55   图 1-56

1.2.5.3 "标记角度""旋转"命令

如图 1-56 所示,构造三角形 ABC 和三个点 D,E,F,依次选中点 D,E,F,选择"度量"→"角度"命令,选中度量的角度值,选择"变换"→"标记角度"命令,双击点 A,选中三角形 ABC,选择"变换"→"旋转"命令,点选"标记角度",单击

"旋转"按钮得到旋转后的图形,如图 1-56 所示。

若选择"数据"→"新建参数"命令,如图 1-57 所示,修改相应的参数值为 65,选中参数值,选择"变换"→"标记角度"命令,选中图 1-56 中的三角形 ABC,选择"变换"→"旋转"命令也可实现相应效果。

图 1-57

1.2.5.4 "迭代"命令

迭代是几何画板的一个亮点,是几何画板的精华所在,后面我们将通过案例详细介绍。下面先举一个案例,初步体会"迭代"命令的应用。在 1.2.5.1 中我们由一条线段 AB 出发,构造了一条折线 ACEDB,如果想把这种过程重复运用到线段 AC,CE,ED,DB 上,就可以借助"迭代"命令来实现。

例 5　绘制雪花曲线。

◇ 运行效果

图 1-60。

◇ 技术指南

构造迭代和增加迭代对象。

◇ 制作步骤

依次选中点 A,B,选择"变换"→"迭代"命令,弹出如图 1-58 所示的对话框,依次单击点 A,C,按住【Ctrl】+【A】,增加一列映象,依次单击点 C,E,按住【Ctrl】+【A】,再增加一列映象,如图 1-59 所示,依次单击点 E,D,按住【Ctrl】+【A】,再增加一列映象,依次单击点 D,B,单击"显示"按钮,如图 1-60 所示,在"最终迭代"选项上单击,最后单击"迭代"按钮。选中线段 AC,CE,ED,DB,按住【Ctrl】+【H】隐藏,则得到图 1-60 左侧的图案。

图 1-58

图 1-59

说明：(1) 在选取初象时，注意原象与初象的对应关系非常重要，读者可以结合图体会一下 $\begin{matrix}A\to A\\B\to C\end{matrix}$ 这一对应，另外几组对应的理解也就比较清楚了。

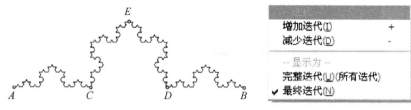

图 1-60

(2) 默认的迭代次数为 3，单击"显示"按钮后，有几个选项可以选择，增加迭代（按住【Shift】和 ![+/=]），减少迭代（按 ![-]）；选择"完整迭代"还是"最终迭代"，结合具体案例体会一下即可。本例中若取默认的"完整迭代"，则会多出一些线段。

(3) 单击图 1-59 中的"结构"按钮，有许多选项，如图 1-61 所示，在第 4 章会详细介绍。

(4) 结合工具可以创作出如图 1-62 所示的图案。具体操作如下：隐藏图 1-60 中的点 C,D,E，选中剩下的图形（用拖选的方法），点按 2 秒工具栏中的 图标，选择"创建新工具"选项，弹出一个对话框，把名称改为"雪花"，单击"确定"按钮，则一个"雪花"工具创建完成。双击点 B，选中点 A，选择"变换"→"旋转"命令，按固定角度 60°旋转得到点 F，选中"雪花"工具，会发现一个点粘在鼠标箭头处，单击点 F，移动鼠标，会发现雪花图形粘在另一个点上，在点 B 处单击，则在点 B 和点 F 之间多出了一段雪花图形，再单击点 A，会发现雪花图形粘在另一个点上，在点 F 处单击，则在点 F 和点 A 之间也多出了一段雪花图形。隐藏点 A,B,F，则形成如图 1-62 所示的雪花曲线。

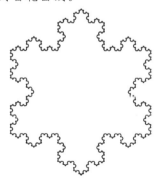

图 1-61　　　　　图 1-62

1.2.5.5 "创建自定义变换"命令

自定义变换是"变换"功能的扩充,下面举一个由平移和反射复合变换后得到的一连串脚印图案的例子。

如图 1-63 所示,画一条直线,在上面任取两点 A,B,依次选取点 A,B,选择"变换"→"标记向量"命令,在直线外任取一点 O,作它关于直线的对称点 O',选中点 O',按标记的向量 $\overrightarrow{AB}$ 平移得到点 O'',依次选择点 O,O'',单击"变换"→"创建自定义变换"命令,得到 $O \rightarrow O''$ 变换,改为自定义"变换 1"。

拷贝一个小脚丫图片,放到适当位置,选择"变换"→"变换 1",若干次使用"变换 1"后得到如图 1-63 所示的图形。

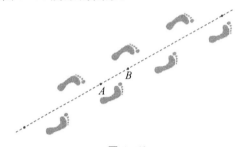

图 1-63

1.2.6 "度量"菜单

"度量"菜单能实时显示点的坐标、线段长度、圆的周长和面积、弧度角、直线的方程和斜率、圆的方程等信息,为实践探究提供即时信息,其相应菜单项如图 1-64 所示,含义一目了然。

图 1-64

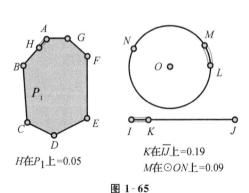

图 1-65

1.2.6.1 "点的值"命令

该菜单项是 5.0 版本以上新增的命令,能度量对象(线或多边形或圆周)上的点的相对位置。选择"多边形和边工具"命令,按图 1-65 所示构造一个多边形 $ABCDEFG$,选中其内部区域,选择"构造"→"边界上的点"命令,得到点 H(其位置不一定是图中的位置,可以拖动它),选择"度量"→"点的值"命令,则得到点 H 在多边形边界上的相对位置值(相当于从点 A 出发,沿多边形边界逆时针到点 H 的长与多边形周长的比。应用:画正方形边界上的点的最值)。

构造一条线段 IJ,在其上任取一点 K,选择"度量"→"点的值"命令,则得到介于[0,1]之间的一个值。

构造一个圆,在圆上构造一个点 M,选择"度量"→"点的值"命令,得到$\overgroup{ML}$与圆周长的比值,其中 L 为圆心向右平移半径长得到的点。

说明:A 是多边形 $ABCDEFG$ 的第一个点,I 是线段 IJ 的第一个点。

1.2.6.2 "方程"命令

"方程"命令只对直线和圆产生作用。换句话说,选中一个⊙A,选择"度量"→"方程"命令,则能显示⊙A 的标准方程。选中一条直线 EF,则显示该直线的斜截式方程。如图 1-66 所示。

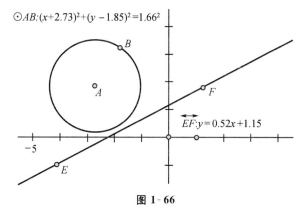

图 1-66

1.2.7 "数据"菜单

"数据"菜单(如图 1-67)主要对数据进行加工或处理。

1.2.7.1 "新建参数"命令

"新建参数"命令是几何画板的一个亮点,能动态显示数据的变化。同时可以通过多个参数控制一个函数,这为研究各个变量对函数的作用提供了极大的

图 1-67   图 1-68

方便。比如,研究函数 $y=A\sin(\omega x+\varphi)$ 中各个参数的作用。选择"数据"→"新建参数"命令,弹出"新建参数"对话框,默认名称为"t[1]",单位为"无"。"单位"选项中的"角度"或"距离"的单位与"编辑"中的"参数选项"有关,如果"参数选项"中的角度单位改为"弧度",那么"新建参数"中"角度"对应的也是"弧度"。如果想新建角度参数 $\alpha=60°$,则选择"数据"→"新建参数"命令后,按图 1-68 所示修改,单击"确定"按钮,其中的名称 α 可以通过多种方法输入,这里先介绍一种,在名称栏中输入{alpha},则自动变为 α。对于距离,读者可以自行探究。

小提示:在名称栏中输入时应在英文状态下。若输入{beta},则输出 β。

1.2.7.2 "计算"命令

几何画板中的计算器犹如一个科学计算器,能进行函数与数值的多种运算。其中"数值"选项为无理数 π 和 e,"函数"选项从上到下依次为三角函数与反三角函数、绝对值函数 $abs(x)$、开算术平方根函数 $sqrt(x)$、自然对数函数 $\ln(x)$、常用对数函数 $\log(x)$、符号函数 $sgn(x)$、四舍五入函数 $round(x)$、截尾函数 $trunc(x)$。要输入图 1-69 中的表达式,可以选择"数据"→"计算"命令,单击界面上的"8""*""9""÷",在"函数"选项中选择"sin",在"()"中输入"30",单位选"度"。

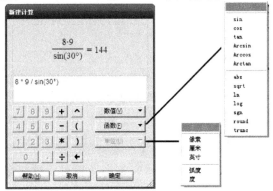

图 1-69

在对数函数中,只出现了自然对数和常用对数,那么如何计算 $\log_2 3$ 的值呢?我们可以借助换底公式 $\log_a b = \dfrac{\log_N b}{\log_N a}$ 来实现。例如,在计算窗口中输入"log(3)÷log(2)"即可得到 $\log_2 3$ 的值。当然也可在计算窗口中输入"ln(3)÷ln(2)"来得到 $\log_2 3$ 的值。

其他相关函数的使用在第 5 章中详细介绍。

1.2.7.3 "制表"命令

选中一个或多个参数、度量值、计算值或合并后的文本就可以制表。如图 1-70 所示,画一条线段 AB,选择"度量"→"长度"命令,再选择"数据"→"制表"命令,则可以制出如图 1-70 所示的表格,在表格处双击鼠标,表示增加一行,拖动点 A 或点 B,其线段 AB 的长度便会在最后一行显示。若要删除它,则在表格上右击鼠标,选中"删除表中数据"命令,弹出如图 1-71 所示的对话框,选中"删除最后条目"单选按钮,单击"确定"按钮即可。

图 1-70

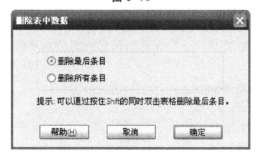

图 1-71

小提示:此处表格的最后一行数据会实时变化,是因为在表格属性中默认的设置为"在最后一行中追踪变化中的值"。若不想追踪,则右击表格,选中"属性",在对话框中的表格栏中取消选中"在最后一行中追踪变化中的值"复选框。

1.2.7.4 "新建函数""定义导函数"命令

事实上,借助导函数命令,可以求出许多复合函数的导数。例如,选择"数据"→"新建函数"命令,输入"sin(2x)",得到 $f(x)=\sin 2x$,选中它,选择"数据"→"定义导函数",则得到其导函数为 $f'(x)=2\cos(2x)$。

1.2.7.5 "定义绘图函数"命令

用"标识工具"在绘图区绘制一条曲线,如图 1-72 所示,选中该曲线,选择"数据"→"定义绘图函数"命令,则可以将这条曲线定义为一个函数,选中 x 轴,选择"构造"→"轴上的点"命令,把标签改为 A,选择"度量"→"横坐标"命令,得到 x_A,选择"数据"→"计算"命令,单击绘图函数 $f(x)$:绘图[1],再单击 x_A,得到对应的函数值,依次选取 x_A,$f(x_A)$,选择"绘图"→"绘制点(x,y)"命令,则得到手绘曲线上的一点,拖动点 A,可以发现该点在曲线上移动。

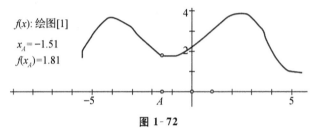

图 1-72

小提示:若手绘曲线使得一个 x_0 值对应于多个 y 值,则在计算 $f(x_0)$ 时,程序自动取其中较大的值。

1.2.8 "绘图"菜单

通过"绘图"菜单(如图 1-73)可以把探索得到的结果通过各种坐标系来形象地表示出来。

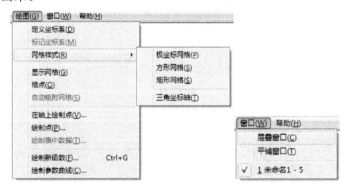

图 1-73

1.2.8.1 "定义坐标系"命令

默认的坐标系是方形网格,也即横轴和纵轴的单位长度一致的坐标系。

1.2.8.2 "网格样式"命令

网格样式分为"极坐标网格""方形网格"和"矩形网格"。其中"方形网格"

中横轴和纵轴的单位长度一致,而"矩形网格"中可以不一致。下方的"三角坐标轴"配合上述三种网格进行坐标系设置,便于绘制三角函数的图象。图 1-74 是选中"方形网格"和"三角坐标轴"后,选择"绘图"→"绘制新函数"命令,输入"sin(x)"后,右击图象,修改其属性,如图 1-75 所示,取消选中"绘图"中"显示箭头和端点"复选框,并把范围调整为[$-2\pi, 2\pi$]后得到的图象。

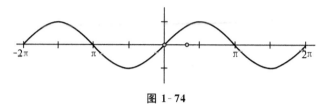

图 1-74

图 1-75

小提示：范围中的 π 在输入时,只要在英文输入状态下输入"p"即可。

1.2.8.3 "格点""自动吸附网格"命令

所谓格点,就是指那些横坐标和纵坐标都是整数的点。在一些有关格点问题的讨论中这两个命令有很好的辅助作用,当选择"绘图"→"格点"命令后,再选择"绘图"→"自动吸附网格"命令,选中画点工具拖动鼠标时,点自动移动到最靠近的格点位置。

1.2.8.4 "绘制点"命令

"绘制点"命令按"直角坐标"和"极坐标"两种方式绘制,如图 1-76 所示。

图 1-76

1.2.8.5 "绘制表中数据"命令

创建直角坐标系,选择"绘图"→"绘制点"命令,绘制 $(5,0)$, $(0,5)$,标签分别修改为 A,B,选中这两点,选择"构造"→"线段"命令,再选择"构造"→"线段上的点"命令,得到点 C,选择"度量"→"横坐标"命令,得到 x_C,选中点 C,选择"度量"→"纵坐标"命令,得到 y_C,依次选中 x_C,y_C,选择"数据"→"制表"命令,得到一个表格,双击表格,拖动点 C,再进行类似的操作。

选中所得的表格,选择"绘图"→"绘制表中数据"命令,单击"绘制"按钮,则得到如图 1-77 所示的若干个点。

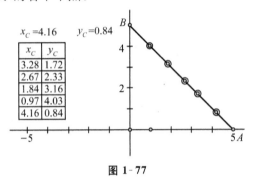

图 1-77

1.2.8.6 "绘制新函数"命令

使用键盘或弹出菜单创建一个表达式或者通过点击画板中已存在的值或函数来插入。其中的方程符号有两种选择,方程的表达形式有四种(如图 1-78):$y=f_1(x)$ 和 $x=f_1(y)$ 都是用直角坐标系形式来表示的;$r=f_1(\theta)$ 和 $\theta=f_1(r)$ 都是用极坐标形式来表示的。例如,选择"数据"→"新建参数"命令,得到 $a=1$,再选择"绘图"→"绘制新函数"命令,在图 1-78 中勾选 $r=f_1(\theta)$,然后在窗口中输入"$a\sin(3\theta)$",单击"绘制"按钮,则得到三叶玫瑰线,如图 1-79 所示。

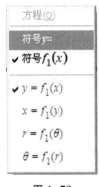

图 1-78

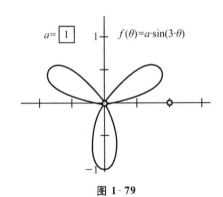

图 1-79

1.2.8.7 "绘制参数曲线"命令

选择"编辑"→"参数选项"命令,把角度的单位改为弧度,选择"数据"→"新建函数"命令,新建函数 $f(x)=\sin(x)$,选择"数据"→"新建函数"命令,新建函数 $g(x)=\cos(x)$,依次选中 $f(x),g(x)$,选择"绘图"→"绘制参数曲线"命令,如图 1-80 所示,修改定义域的范围为 $[0,2\pi]$,单击"绘制"按钮,则得到一个圆,右击圆,修改其绘图属性为"不显示箭头和端点",得到如图 1-81 所示的图案。若修改 $f(x)$ 的表达式为 $f(x)=2\sin(x)$,则得到一个椭圆,其标准方程为 $\dfrac{x^2}{2^2}+y^2=1$,如图 1-82 所示。

图 1-80

图 1-81　　　　　图 1-82

小提示：用这种方法可以绘制由参数方程所确定的曲线。

拓展练习

1. 分别拖动例 1 中圆上的一点、圆心和半径,观察各有什么发现。

2. 拖动点 A(或点 B,C,D),观察图 1-12 中四边形内部的四边形是一个什么样的四边形,为什么？

3. 画出下图所示的图形,其中右图中点 D,E,F 分别是三角形 ABC 三条边的中点。

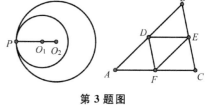

第 3 题图

4. 绘制一个圆,圆心为 O_1,圆上一点为 A,连结线段 O_1A,其中点记为 B,

试用信息工具查看各个点的信息以及线段的信息。

5. 若把 1.2.4.9 中的点 A 移到 $\odot O$ 内,观察直线 CD 的包络是什么图形。

6. 若 1.2.5.3 中的 $\angle CAB$ 的度数设为 $36°$,旋转角度设为 $72°$,试构造下图所示的风车图案。

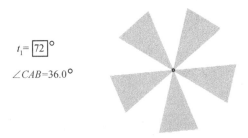

第 6 题图

7. 构造两点,以这两点构造一条直线,在直线上任取一点,选择"度量"→"点的值"命令,观察其结果。若把线段改为直线,结果又会如何变化?

8. 探究半圆的内接矩形的面积何时取得最大值。

9. 在图 1-77 中增加一列 x_C+y_C,绘制 (x_C, x_C+y_C) 对应的列。

10. 绘制由参数方程 $\begin{cases} x=a(\theta-\sin\theta), \\ y=a(1-\cos\theta) \end{cases}$ 确定的摆线。

11. 绘制四叶玫瑰线 $\rho=a\sin(2\theta)$。

12. 用自定义变换制作如下图案,其中自定义变换是一个旋转变换和一个缩放变换的合成。

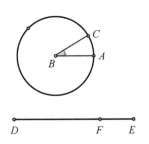

第 12 题图

第 2 章 构 图

本章综合运用第 1 章中的"构造"菜单、"变换"菜单等,构造出复杂的静态图和动态图。

2.1 静 态 图

2.1.1 平行四边形

◆ 运行效果

在小学教材中,经常要求画平行四边形,掌握推导平行四边形的面积公式。图 2-1 就是一个平行四边形,拖动点 C,发现它依然保持平行四边形形状不变。

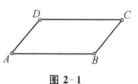

图 2-1

◆ 技术指南

(1)"变换"→"标记向量"命令的使用。

(2) 自动显示标签的设置。

◆ 制作步骤

(1) 画水平线段。选择线段工具,在绘图区的适当位置单击,按【Shift】键,再在适当位置单击,绘制出水平线段 AB。

(2) 平移成图。选择画点工具,在适当位置画一点 C,按【Esc】键,取消对点 C 的选择。依次单击点 B,A,选择"变换"→"标记向量"命令,选中点 C,选择"变换"→"平移"命令,弹出"平移"对话框,如图 2-2 所示,单击"平移"按钮,得到点 D。选中点 B,C,选择"构造"→"线段"命令,绘制线段 BC。类似地,绘制线段 CD,DA,完成平行四边形的构图。

图 2-2

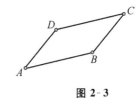

图 2-3

◇ **课件总结**

(1)"标记向量"命令在构图中非常有用,它相当于实现了这样一个功能——过点 C 作一条线段平行且等于 BA,从而保证四边形 $ABCD$ 是平行四边形。

(2)基于构造过程,拖动点 B,改变线段 AB 的倾斜角度,如图 2-3 所示,发现四边形 $ABCD$ 还是平行四边形,这样有利于对学生进行变式训练。当然,拖动点 C,四边形 $ABCD$ 仍是平行四边形。

(3)在新建文件前,选择"编辑"→"参数选项"命令,选中"文本"选项,如图 1-30 所示,在"自动显示标签"中勾选"应用于所有新建点",那么新建文件时,点的标签自动按序显示。

2.1.2 四瓣花

◇ **运行效果**

在小学中,经常会遇到求如图 2-4 所示的阴影部分面积的问题,拖动点 A,B,C,D 中任意一点,可以改变图形的大小。

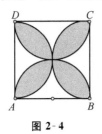
图 2-4
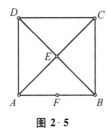
图 2-5
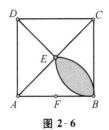
图 2-6

◇ **技术指南**

(1)"变换"→"旋转"命令的使用。

(2)"变换"→"反射"命令的使用。

(3)"构造"→"弧内部"→"弓形内部"命令的使用。

❖ **制作步骤**

(1) 绘制正方形。绘制出水平线段 AB,双击点 A,表示把点 A 标记为中心,选中点 B,选择"变换"→"旋转"命令,按照固定角度"90°"旋转得到点 D,双击点 D,选中点 A,选择"变换"→"旋转"命令,按照固定角度"90°"旋转得到点 C。依次选中点 B,C,选择"构造"→"线段"命令,得到线段 BC。类似地,构造线段 CD,DA。

(2) 绘制弓形内部。类似地,构造线段 BD,AC,同时选中线段 BD,AC,选择"构造"→"交点"命令,得到点 E。选中线段 AB,选择"构造"→"中点"命令,得到点 F,如图 2-5 所示。依次选中点 F,B,E,选择"构造"→"圆上的弧"命令,得到劣弧 $\overset{\frown}{BE}$,选择"构造"→"弧内部"→"弓形内部"命令,双击线段 BD,表示标记为镜面,选中弓形内部(阴影部分)和劣弧 $\overset{\frown}{BE}$,选择"变换"→"反射"命令,得到对称的劣弧和阴影部分。

(3) 旋转成图。双击点 E,选中第(2)步构造得到的两段劣弧和两个阴影部分,如图 2-6 所示,选择"变换"→"旋转"命令,在弹出的对话框中,按照固定角度"90°"旋转三次。选中线段 BD,AC,选择"显示"→"隐藏线段"命令。

❖ **课件总结**

(1) 在构图中,首先观察图形的对称性,这样在设计中可以充分借助"变换"菜单下的各种变换命令,起到事半功倍的效果。在本例中,可以看出阴影部分是八个小的弓形内部,然后借助轴对称和旋转完成所有阴影部分的构图。

(2) 双击点 E,表示命令"变换"→"标记中心",它可以是旋转中心,也可以是缩放中心,根据具体情况分析,本例中第(3)步中表示的是旋转中心。

(3) "构造"→"弧内部"命令有两个选项:"扇形内部"和"弓形内部",在构造一些平面图形阴影部分时经常使用。在"拓展延伸"部分有相应练习。

(4) 第(3)步中,旋转三次,表示把两段劣弧和两个阴影部分作为一个整体,第一次按照固定角度"90°",单击"旋转"按钮,得到一个新的阴影(此时处于选中状态),然后继续选择"变换"→"旋转"命令,按照固定角度"90°",单击"旋转"按钮,又得到一个新的阴影(此时处于选中状态),然后继续选择"变换"→"旋转"命令,按照固定角度"90°",单击"旋转"按钮。今后为了行文简洁,通常默认类似的操作。

(5) 正方形的构造方法有多种,读者可以借助作平行线或垂线的方法构图。

2.1.3 三角形的内接正方形

❖ **运行效果**

效果图如图 2-7(a)所示。拖动三角形 ABC 的任何一个顶点,正方形 $EFGH$

依然内接于三角形 ABC。

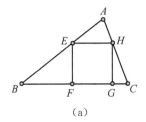
(a)

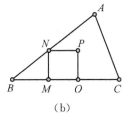
(b)

图 2-7

✧ **技术指南**

三角形的内接正方形指正方形的四个顶点都在三角形的边上，三个点 E，F，G 在边上容易满足，难点是第四个顶点 H 怎样作出。

在实际绘图中，经常会出现这样的画法：在线段 BC 上任取一点 M，过点 M 作线段 BC 的垂线与线段 AB 交于点 N，把点 N 绕点 M 顺时针旋转 $90°$ 得到点 O，再把点 O 按照向量 $\overrightarrow{MN}$ 平移得到点 P，拖动点 P 到适当位置得到三角形的内接正方形。但是，当拖动三角形的顶点时，发现"散架"了，正方形不再内接于三角形。这种"形似而神不似"在构图中要注意避免。虽然刚才的画法不正确，但其思想仍然给予我们启发。下面给出完整的作图过程。

✧ **制作步骤**

（1）构造一个三角形。选中画点工具，在绘图区的适当位置单击三次，同时选中三个点（方法同 Windows 操作），选择"构造"→"线段"命令，得到三角形 ABC。

（2）构造一个正方形。选中线段 BC，选择"构造"→"线段上的点"命令，得到点 M，同时选中点 M 和线段 BC，选择"构造"→"垂线"命令，单击线段 AB（此时垂线与线段 AB 都被选中），选择"构造"→"交点"命令，得到点 N，双击点 M，选中点 N，选择"变换"→"旋转"命令，按照固定角度"$-90°$"，单击"旋转"按钮，得到点 O，依次选择点 M，N，选择"变换"→"标记向量"命令，选中点 O，选择"变换"→"平移"得到点 P。选中垂线 MN，选择"显示"→"隐藏垂线"命令，依次选中点 M，N，P，O，选择"构造"→"线段"命令，得到一个正方形，如图 2-7(b) 所示，但此时的正方形不满足要求。

（3）作出内接正方形。依次选中点 B，P，选择"构造"→"射线"命令，选中线段 AC，选择"构造"→"交点"命令，得到点 H。选中点 H 和线段 BC，选择"构造"→"平行线"命令，选中线段 AB，选择"构造"→"交点"命令，得到点 E，选中点 H 和线段 BC，选择"构造"→"垂线"命令，选中线段 BC，选择"构造"→"交点"命令，得到点 G，选中点 E 和线段 BC，选择"构造"→"垂线"命令，选中线段

BC,选择"构造"→"交点"命令,得到点 F。同时选中点 M,N,O,P,射线 BP,直线 EF,EH,GH,线段 MN,MO,OP,PN,选择"显示"→"隐藏对象"命令。依次选中点 E,F,G,H,选择"构造"→"线段"命令,则得到三角形 ABC 的内接正方形 $EFGH$。

◇ **课件总结**

(1) 用几何画板作图的一个关键点就是在图形变换位置的过程中,要保持原有的几何关系不变,所以构图时,要充分思考各种对象(如点、线等)之间的关系。

(2) 今后为了叙述的简洁起见,通常约定这些描述。例如,构造线段 AB,指这几步的合成:同时选中点 A,B,选择"构造"→"线段"命令。读者可以结合作图过程和技术指南中的相关步骤体会一些描述的简洁性。

(3) 为了显示最后成图,通常会隐藏作图过程中的一些辅助线、辅助点,如第(3)步中的相应操作,但不能选中后用【Delete】键进行删除,因为前面曾经说过,它会把由这些点产生的所有图形都删除,所以一般不选择这种删除操作,除非是因误操作产生的点或线等。

(4) 在构图中,有时虽然不能一步构造到位,但是它会给人启发,这是几何画板这个实验平台的一大亮点,可以通过拖动来实现位置的动态改变,从而进行数学实验,这非常有利于发展形象思维。

2.1.4 太极图

◇ **运行效果**

如图 2-8 所示,太极图中含有丰富的对称性,拖动点 N(如图 2-9)可以改变太极图的大小。

图 2-8

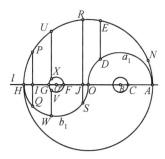

图 2-9

◇ **技术指南**

(1) "变换"→"标记中心"命令的使用。

(2) "构造"→"圆上的弧"命令的使用。

(3) "构造"→"轨迹"命令的使用,填充不规则区域。

◇ **制作步骤**

（1）画圆及半圆弧。

选中画圆工具，构造⊙O，选中直尺工具，按住【Shift】键，画一条水平的直线l，交⊙O于点A,H。双击点O，选中点A，选择"变换"→"缩放"命令，以固定比"$\frac{1}{2}$"缩放点A得到点B，双击点B，选择"变换"→"缩放"命令，以固定比"$\frac{1}{4}$"缩放点A得到点C，先后选择点B,C，选择"构造"→"圆"命令，依次选择点B,A,O，选择"构造"→"圆上的弧"命令，得到半圆弧a_1，双击点O，选中点B、圆B和半圆弧a_1，选择"变换"→"旋转"命令，按照固定角度"180°"旋转，得到点O'、圆O'和半圆弧b_1。

（2）构造轨迹填充不规则区域。

① 选中圆弧a_1，选择"构造"→"弧上的点"命令，得到点D，选中点D和直线l，选择"构造"→"垂线"命令，单击垂线与大圆O相交的地方，得到交点E，隐藏垂线，构造线段DE，同时选中线段DE和点D，选择"构造"→"轨迹"命令，调整轨迹数量为1000，颜色为黑色。

② 分别记直线l与圆O'交于点F,G，构造线段HG,OF，分别在两条线段上任取一点I,J，过点I,J作直线l的垂线分别交圆弧于点P,Q,R,S，类似地隐藏垂线，构造线段PQ,RS，依次选择点I和线段PQ，构造轨迹，依次选择点J和线段RS，构造轨迹。

③ 依次选择点O',F,G，选择"构造"→"圆上的弧"命令，选择"构造"→"弧上的点"命令，得到点X，选中X和直线l，选择"构造"→"垂线"命令，交大圆O于点U，交小圆O'于点V（不同于点X），交半圆弧b_1于点W；构造线段UX，VW，依次选择点X，线段UX，构造轨迹，依次选择点X，线段VW，构造轨迹。选中圆B，选择"构造"→"圆内部"命令，选择"显示"→"颜色"→"黑色"命令。各点的位置如图2-9所示。

◇ **课件总结**

（1）在几何画板中，不规则区域的填充通常可以借助"构造"→"轨迹"命令来实现。在本例中，不规则区域分成四个部分，如图2-10所示。

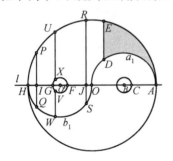 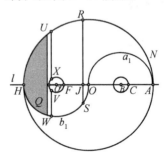

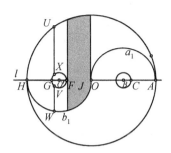
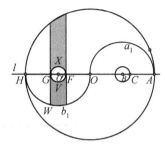

图 2-10

（2）构造圆 O 时，点 N 为控制圆的半径大小的点，通常和水平直线相交的点 A 和点 N 不放在重合的位置。这样，拖动点 N 可以控制太极图的大小，各部分的比例保持不变。

（3）选择"构造"→"圆上的弧"命令，可以构造半个圆，也可以构造优弧或劣弧。具体方法是先选中圆心，再在圆周上按逆时针方向选取要构造的弧的两个端点。

2.1.5 正方体

◈ 运行效果

不管是在小学还是中学，正方体都是一个非常重要的图形，它包含许多数学知识。从正方体的侧面展开图，到把立体图形转化为平面图形的研究均离不开对它的研究。图 2-11 即为正方体的直观图。

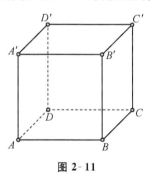

图 2-11　　　　图 2-12

◈ 技术指南

（1）"数据"→"新建参数"命令的使用。

（2）立体图形的直观图的画法。

（3）"变换"菜单的灵活应用。

◈ 制作步骤

（1）构造正方体的底面。选中直尺工具，画水平线段 AB，双击点 A，选中

点 B,选择"变换"→"旋转"命令,把固定角度调整为"45°",选择"变换"→"缩放"命令,按照默认的比值"$\frac{1}{2}$"缩放得到点 D,依次选中点 A,B,选择"变换"→"标记向量"命令,选中点 D,选择"变换"→"平移"命令,得到点 C。构造线段 AB,BC,CD 和 DA。

(2) 构造其余四个顶点。双击点 A,选中点 B,选择"变换"→"旋转"命令,把固定角度调整为"90°",旋转得到点 A'。依次选中点 A,A',选择"变换"→"标记向量"命令,选中点 B,C,D 和线段 AB,BC,CD,DA,选择"变换"→"平移"命令(按标记的向量平移),得到上底面。连结线段 AA',BB',CC',DD'。

(3) 调整虚实线。选中线段 AD,DC,DD',选择"显示"→"线型"命令,选"细线"和"虚线",隐藏除图 2-11 中的其余部分。

◆ **课件总结**

(1) 虚实线的调整之所以放在最后,是为了便于整体观察。如果在绘制过程中想单独把某条线段画成虚线,可以先选中直尺工具,画一条线段,按住【Shift】键,选择"显示"→"线型"命令,选"细线"和"虚线",然后松开【Shift】键,则后面画的线段沿用实线型绘制。

(2) 在制作课件时,有时会连结线段 AC',此时直观图中会发现它与线段 $AD,B'C'$ 在同一条直线上,不方便观察,这时就要适当调整底面的平行四边形画法。具体方法是在第(1)步前添加如下步骤:选择"数据"→"新建参数"命令,按照图 2-12 所示的对话框,在"名称"栏中输入"{alpha}",则自动更换为 α,数值中"度"前输入"40",在第(1)步中,双击点 A,选中点 B,选择"变换"→"旋转"命令后,单击"$\alpha=40°$","旋转参数"调整为"标记角度",单击"旋转"按钮,其余步骤不变。

(3) 参数功能是几何画板的典型特点,通过数学实验可以借助参数的变化观察得到许多优秀的结论。

(4) 斜二测画法的基本思想是:画立体图形的直观图,水平方向的线段长度保持不变,竖直方向的线段方向变为和水平线成 $\alpha=45°$ 角,长度变为原来的一半。

2.1.6 外(内)公切线

◆ **运行效果**

图 2-13 是两圆的外公切线,拖动两圆上的控点 A 或 B,改变圆的大小,则两圆的外公切线位置随之改变。

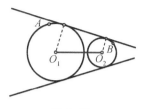
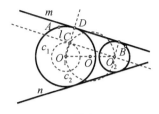

图 2-13　　　　　图 2-14

◇ **技术指南**

（1）"变换"→"标记向量"命令的使用。

（2）"变换"→"反射"命令的使用。

（3）圆的多种构造方法。

（4）"度量"菜单的使用。

◇ **制作步骤**

（1）构造两圆及辅助圆。选中画圆工具，在绘图区的适当位置，绘制如图 2-13 所示的两个圆。依次选中点 A,O_1，选择"度量"→"距离"命令，修改标签为"R"，依次选中点 B,O_2，选择"度量"→"距离"命令，修改标签为"r"，选择"数据"→"计算"命令，单击"$R=**$""-""$r=**$"，单击"确定"按钮，得到"$R-r$"的值，选中点 O_1 和"$R-r=**$"，选择"构造"→"以圆心和半径绘圆"命令，选择"显示"→"线型"命令，选择"虚线"和"细线"，得到圆周 c_1。

（2）构造外公切线。连结 O_1O_2，选择"构造"→"中点"命令，得到中点 O，依次选中点 O 和点 O_1，选择"构造"→"以圆心和圆周上的点绘圆"命令，得到圆周 c_2，单击圆周 c_1 和圆周 c_2 相交的地方，得到交点 C，构造线段 O_1C，选中点 C 和线段 O_1C，选择"构造"→"垂线"命令，得到垂线 l，依次选中点 O_1 和点 C，选择"构造"→"射线"命令，单击射线和大圆 O_1 的圆周相交的地方，得到点 D，选中点 D 和直线 l，选择"构造"→"平行线"命令，得到外公切线 m，双击线段 O_1O_2，选中直线 m，选择"变换"→"反射"命令，得到另一条外公切线 n。

◇ **课件总结**

（1）体会构造原理。两圆的外公切线是指和两个圆同时相外切的一条直线。要画一条直线和一个圆 O 相切，比较简单，只要在圆上任取一点 A，连结点 A 和圆心 O，过点 A 作直线和线段 AO 垂直即可。但要画一条直线同时和两个圆相切有一定难度，在操作过程中，通过调整点 A 的位置，使得直线与另一圆相切，这样得到的切线是不符合要求的，原因是改变其中一个圆的大小，就不再同时相切。所以在第（1）步中，我们通过构造辅助圆来实现。把和两圆都相切转化为先只和一个辅助圆相切，再进行适当的平移。

（2）构造好一条外公切线，借助反射得到另一条外公切线。充分借助"变换"→"反射"命令,减少重复劳动。

(3) 如果拖动点 B,使得圆 O_2 大于圆 O_1 时,这时外公切线消失,请思考为什么,如何补全(这时交换两圆的地位)。

简要提示:选择"数据"→"计算"命令,计算 $-(R-r)$ 的值,拖动点 B,使得圆 O_2 的半径大于圆 O_1 的半径。选中点 O_2 和"$-(R-r)=**$",选择"构造"→"以圆心和半径绘圆"命令,和圆周 c_2 交于点 G,连结 O_1G,先后选择点 O_2,G,选择"构造"→"射线"命令,与圆 O_2 交于点 H,过点 H 作线段 O_1G 的平行线 a,再把直线 a 以线段 O_1O_2 为镜面进行反射。这种思想有点类似于分类讨论。

2.1.7 圆锥曲线的第一定义

◇ 运行效果

如图 2-15 所示,拖动点 A 或点 B,改变平面上一动点 P 到两定点 F_1,F_2 的距离,观察点 P 的轨迹依然是一个椭圆,只是圆扁的程度有所变化。拖动点 F_1 或点 F_2,改变平面上两定点之间的距离,观察点 P 的轨迹变化情况。如图 2-16 所示,拖动点 B 或点 C,观察轨迹的变化情况,拖动点 F_1 或点 F_2,改变平面上两定点之间的距离,观察点 P 的轨迹变化情况。如图 2-17 所示,拖动点 F,改变它到定直线 l 的距离,观察轨迹的变化情况。

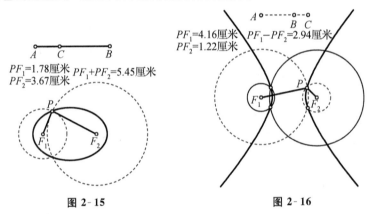

图 2-15　　　　　　图 2-16

◇ 技术指南

(1) 用交轨法思想构造点的轨迹。

(2) 用一一对应的思想构造动点的轨迹。

◇ 制作步骤

(1) 椭圆的制作。

选中直尺工具,画一条水平线段 AB,选择"构造"→"线段上的点"命令,得到一点 C,构造线段 AC 和 BC。选中画点工具,在绘图区的适当地方单击两次,得到两个点,分别修改其标签为 F_1 和 F_2(注意两点 F_1 和 F_2 的距离不能大于等于线段 AB 的长)。依次选中点 F_1 和线段 AC,选择"构造"→"以圆心和半径绘圆"命令,得到圆 F_1,再依次选中点 F_2 和线段 BC,选择"构造"→"以圆心和半径绘圆"命令,得到圆 F_2,选中两圆,选择"构造"→"交点"命令,得到交点 P 和 Q,同时选中点 C 和点 P,选择"构造"→"轨迹"命令,得到上半个椭圆,同时选中点 C 和点 Q,选择"构造"→"轨迹"命令,得到下半个椭圆。

(2) 双曲线的制作。

选中直尺工具,画一条水平线段 AB,依次选中点 A 和点 B,选择"构造"→"射线"命令,选择"构造"→"射线上的点"命令,得到点 C,构造线段 AC 和 BC。选中画点工具,在绘图区的适当地方单击两次,得到两个点,分别修改其标签为 F_1 和 F_2。依次选中点 F_1 和线段 AC,选择"构造"→"以圆心和半径绘圆"命令,得到圆 F_1,再依次选中点 F_2 和线段 BC,选择"构造"→"以圆心和半径绘圆"命令,得到圆 F_2,选中两圆,选择"构造"→"交点"命令,得到交点 P 和 Q,同时选中点 C 和点 P,选择"构造"→"轨迹"命令,同时选中点 C 和点 Q,选择"构造"→"轨迹"命令,得到右半支双曲线。类似地构造左半支双曲线。如图 2-16 所示。

(3) 抛物线的制作。

选中直尺工具,画一条竖直方向的直线 l,选中画点工具,在直线 l 右侧画一点 F。选中直线 l,选择"构造"→"直线上的点"命令,得到点 M,选中点 M 和直线 l,选择"构造"→"垂线"命令,得到垂线 m,构造线段 FM,选择"构造"→"中点"命令,得到点 N,选中点 N 和线段 FM,选择"构造"→"垂线"命令,得到垂线 n,选中垂线 m 和 n,选择"构造"→"交点"命令,得到交点 P,选中点 P 和点 M,选择"构造"→"轨迹"命令。如图 2-17 所示。

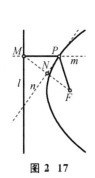

图 2-17

图 2-18

❖ 课件总结

(1) 根据圆锥曲线的第一定义构造圆锥曲线。其中椭圆和双曲线的构造方法类似,抛物线有所不同。但构造过程的相同之处都是先在草稿纸上绘制满足条件的草图,然后确定所作的点是哪两个轨迹的交点。因为圆上的点到圆心的距离处处相等,所以构造两圆的交点作为轨迹上一点的方法经常使用。

(2) 在抛物线的构图中,点 P 实际上是线段 FM 的中垂线上的一点,所以它满足关系式 $|PM|=|PF|$。同时注意到点 P 和点 M 构成一一对应的关系,所以在直线 l 上取定一点 M,它会唯一对应抛物线上的点 P。后面用圆锥曲线的第二定义绘制圆锥曲线还会用到这种一一对应的思想来构造轨迹。

(3) 思考椭圆的构造过程中,为什么要注意两点 F_1 和 F_2 的距离不能大于等于线段 AB 的长。

(4) 思考双曲线的构造过程中,为什么由两个圆(虚线表示)的交点构造的轨迹是右半支双曲线。

(5) 如果轨迹有些锯齿,可以通过右击轨迹,在选项中选择"属性",弹出如图 2-18 所示的对话框,在"绘图"选项卡中改变"采样数量"为"1000",单击"确定"按钮,轨迹则会变得光滑。

(6) 思考:用几何画板绘制圆锥曲线与在黑板上手工绘制圆锥曲线的相异之处。

2.1.8 圆锥曲线上一点的切线

◆ 运行效果

如图 2-19、图 2-20 所示,拖动点 C,会发现过椭圆(或双曲线)上一点 P 的切线随之变化。图 2-17 中的直线 n 就是过抛物线上一点的切线。

◆ 技术指南

"构造"→"角平分线"命令的使用。

根据圆锥曲线的光学性质作出过圆锥曲线上一点的切线。具体性质如下:从椭圆的一个焦点发出的光线,经过椭圆反射后,反射光线过椭圆的另一个焦点;从双曲线的一个焦点发出的光线,经过双曲线反射后,反射光线是散开的,它们就好像是从另一个焦点射出的一样;对于抛物线,从焦点发出的光线,经过抛物线反射后,反射光线平行于抛物线的轴。

◆ 制作步骤

(1) 作图 2-15 中椭圆上一点 P 处的切线。根据椭圆的光学性质,依次选中三点 F_1,P,F_2,选择"构造"→"角平分线"命令,选中点 P 和角平分线,选择"构造"→"垂线"命令,该垂线即为所求的切线。如图 2-19 所示。

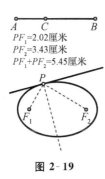
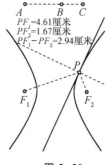

图 2-19　　　　　　图 2-20

（2）作图 2-16 中双曲线上一点 P 处的切线。根据双曲线的光学性质，依次选中三点 F_1,P,F_2，选择"构造"→"角平分线"命令，得到的角平分线即为所求的切线。

（3）如图 2-21 所示，由抛物线的光学性质，得 $\alpha=\beta$，又 $\beta=\gamma$，所以 $\alpha=\gamma$，从而得到作抛物线上一点的切线的方法：作出抛物线的对称轴，以焦点 F 为圆心、抛物线上一点 P 为圆上一点作圆，交对称轴于 E，连结 PE，过 P 作 PE 的垂线，即为 P 点处的切线。

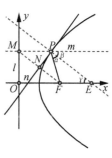

图 2-21

◆ 课件总结

（1）圆锥曲线的光学性质可以借助平面解析几何知识进行推导。

（2）如果事先只是给定一个椭圆、一条双曲线或一条抛物线，以及其上的一点，不给出相应的焦点，思考如何作出过该点的切线。

2.1.9　三角函数的图象

◆ 运行效果

图 2-22 是余弦函数的图象，双击"$f(x)=\cos x$"，弹出"编辑函数"对话框，可以选中"cos"，然后选择"函数"中的"tan"，则可以得到正切函数的图象。类似地，可以得到正弦函数的图象。

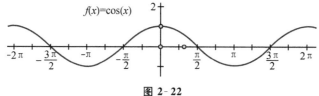

图 2-22

◆ 技术指南

"绘图"→"绘制新函数"命令的使用。

◈ **制作步骤**

选择"绘图"→"绘制新函数"命令,在弹出的"新建函数"面板中,选中"函数"中的"cos",单击面板上的"x",弹出如图 2-23 所示的对话框,单击"是"按钮,得到图 2-22。

图 2-23

◈ **课件总结**

三角函数图象中角度单位是弧度,所以如果刚开始没有改变角度的单位,则会自动弹出如图 2-23 所示的对话框。如果先选择"编辑"→"参数选项"命令,修改"角度"单位为"弧度",则直接绘制,不会弹出如图 2-23 所示的对话框。

2.1.10 标准正态分布曲线

◈ **运行效果**

图 2-24 是标准正态分布曲线,呈钟形,因此人们又经常称之为钟形曲线。修改参数 μ 或 σ 的值,观察曲线的变化情况。

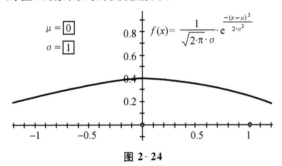

图 2-24

◈ **技术指南**

(1)"数据"→"新建参数"命令的使用。

(2)"数据"→"新建函数"命令中"新建函数"面板的使用。

(3)"绘图"→"绘制函数"命令的使用。

◈ **制作步骤**

(1) 新建两个参数。选择"绘图"→"网格样式"→"方形网格"命令,建立一个标准的直角坐标系。选择"数据"→"新建参数"命令,在弹出的对话框中的"名称"中输入"{mu}","数值"赋为"0",单击"确定"按钮。类似地,选择"数据"→"新建参数"命令,在弹出的对话框中的"名称"中输入"{sigma}","数值"赋为"1",单击"确定"按钮。

(2) 构造正态分布函数。选择"数据"→"新建函数"命令,依次单击图 2-25"新建函数"面板上的"1""÷""(",单击"函数"选项中的"sqrt""2"" * ",单击"数值"选项中的"π",鼠标移至第一个")"后面,单击" * ",单击绘图区中的"σ=1",鼠标移至第二个")"的后面,单击" * ",单击"数值"选项中的"e""^""(""-""(""x""-",单击绘图区中的"μ=0",鼠标移至紧靠的")"的后面,单击"^""2""÷""(""2"" * ",单击数值选项中的"σ""^""2"。

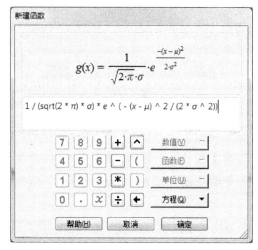

图 2-25

(3) 绘制图象。选中函数表达式,选择"绘图"→"绘制函数"命令,得到正态函数的分布图象。

◆ 课件总结

(1) 理解正态函数图象的一些性质。若随机变量服从一个参数为 μ,σ 的概率分布,且其概率密度函数为 $f(x)=\dfrac{1}{\sqrt{2\pi}\sigma}e^{-\dfrac{(x-\mu)^2}{2\sigma^2}}$,则这个随机变量就称为正态随机变量,当 $\mu=0,\sigma=1$ 时,正态分布就成为标准正态分布。正态曲线呈钟形,两头低,中间高,左右对称,曲线与横轴间的面积总和等于 1。

(2) 在第(2)步中""不要输入,并注意"("与")"的对应关系。因为单击一次"(",会自动产生一个与之对应的")"。输入过程中,出现的鼠标移至两个")"后就是表示这两个")"和前面的"("已经配对。

2.2 动态图

2.2.1 三角形面积公式的推导

◇ **运行效果**

单击图 2-26 中的"拼接"按钮,则动态演示由两个相同(全等)的三角形拼接成一个平行四边形的过程。单击"复原"按钮,则快速复位到初始状态。

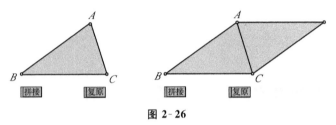

图 2-26

◇ **技术指南**

(1) "编辑"→"操作类按钮"→"移动"命令的使用,动画的制作。

(2) "编辑"→"操作类按钮"→"隐藏/显示"命令的使用。

(3) "编辑"→"操作类按钮"→"系列"命令的使用,按钮的运用。

◇ **制作步骤**

(1) 绘制三角形 ABC。选中直尺工具,在绘图区的适当位置构造线段 AB, BC, CA,依次选中三个顶点,选择"构造"→"三角形的内部"命令。

(2) 制作三角形 ABC 旋转 $180°$ 的过程。双击点 C,选中点 A,选择"变换"→"旋转"命令,按照固定角度"$180°$"旋转得到点 A',依次选中点 C, A', A,选择"构造"→"圆上的弧"命令,选择"构造"→"弧上的点"命令,得到点 D,依次选中点 D, A,选择"编辑"→"操作类按钮"→"移动"命令,得到一个按钮"移动 $D→A$"。依次选择点 D, A',选择"编辑"→"操作类按钮"→"移动"命令,得到一个按钮"移动 $D→A'$"。隐藏点 A' 和半圆弧。依次选中点 A, C, D,选择"变换"→"标记角度"命令,隐藏点 D。选中点 A, B 和线段 AB, BC, CA 以及三角形 ABC 的内部,选择"变换"→"旋转"命令,按照标记角度旋转,得到一个新的三角形 $CD'B'$。

(3) 制作旋转后的三角形平移过程。选中线段 CA,选择"构造"→"线段上的点"命令得到点 E,依次选中点 E, C,选择"编辑"→"操作类按钮"→"移动"命令,得到一个按钮"移动 $E→C$"。依次选中点 E, A,选择"编辑"→"操作类按钮"

→"移动"命令,得到一个按钮"移动 $E \to A$"。先后选中点 C,E,选择"变换"→"标记向量"命令,选中三角形 $CD'B'$ 及其内部,选择"变换"→"平移"命令,按照标记的向量平移。

(4) 制作"显示对象""隐藏对象"按钮。选中点 D',B',线段 $CD',D'B'$,$B'C$ 以及三角形 $CD'B'$ 的内部,选择"编辑"→"操作类按钮"→"隐藏/显示"命令,得到"隐藏对象"按钮,右击按钮,选中"属性",弹出"操作类按钮隐藏对象"的对话框,在"隐藏/显示"选项中选"总是隐藏对象",如图 2-27 所示,单击"确定"按钮。类似地,选中点 D',B',线段 $CD',D'B',B'C$ 以及三角形 $CD'B'$ 的内部,选择"编辑"→"操作类按钮"→"隐藏/显示"命令,得到"隐藏对象"按钮,右击按钮,选中"属性",弹出"操作类按钮显示对象"的对话框,单击"总是显示对象",单击"确定"按钮。

图 2-27

(5) 制作"拼接"和"复原"系列按钮。

① 依次选中按钮"移动 $D \to A'$""隐藏对象""移动 $E \to A$",选择"编辑"→"操作类按钮"→"系列"命令,在弹出的"操作类按钮系列 3 个动作"对话框中,把"系列动作"改为"依序执行"(单击文字"依序执行"或其前面的小圆圈),如图 2-28 所示,然后单击"标签"项,修改名称为"拼接",单击"确定"按钮。

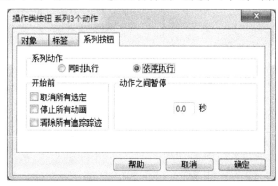

图 2-28

② 依次选择按钮"移动 $E→C$""显示对象""移动 $D→A$",选择"编辑"→"操作类按钮"→"系列"命令,在弹出的"操作类按钮系列 3 个动作"对话框中,把"系列动作"改为"依序执行",然后单击"标签"项,修改名称为"复原",单击"确定"按钮,隐藏所有标签。

◆ **课件总结**

(1) 三角形内部填充色调整方法。

(2) 体会第(4)步中"显示对象"和"隐藏对象"的作用。

(3) 为了使效果更好,通常把"复原"中遇到的移动按钮里的动画速度设为"高速",把"拼接"中遇到的移动按钮里的动画速度设为"快速"或"中速"。

(4) 要使几个按钮竖直方向对齐,可以选中多个按钮后,按住【Shift】键,再按回车键。

(5) 如果在第(4)步中适当作修改,则可以得到另一种制作方法。具体思路如下:对旋转后得到的图形制作一个"隐藏对象 1"按钮,单击后变为"显示对象 1"按钮,对平移后得到的图形也制作一个"隐藏对象 2"按钮,依次选中这两个按钮,制作一个系列按钮"系列两个动作",选"同时执行"。在第(5)步中用它替换掉"隐藏对象"和"显示对象"即可。

2.2.2 四巧板

◆ **运行效果**

选中图 2-29 中四巧板的任何一块①②③④区域内部,按住鼠标拖动就可以平行移动相应的小块,如果要旋转某一小块,可以选中黄色顶点,施行旋转操作。若在拼接过程中用到某一小块翻转的图形,则要选中右侧的①′②′③′④′,然后和对①②③④一样操作。图 2-30 为用四巧板拼成的一艘小船和小屋图案。

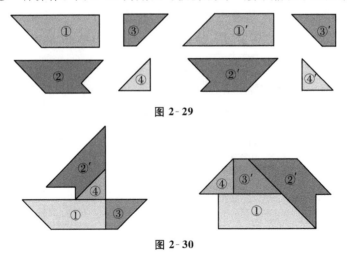

图 2-29

图 2-30

◇ **技术指南**

(1) 平移和旋转一个小块。

(2) 合并文本与点。

(3) "变换"菜单的综合运用。

(4) 构造全等图形。

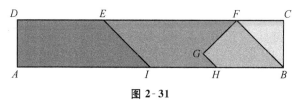

图 2-31

◇ **制作步骤**

(1) 制作四巧板。如图 2-31 所示,选中点工具,在绘图区的适当位置画一个点 A,选中点 A,选择"变换"→"平移"命令,在图 2-32 中,设置"平移变换"为"极坐标"方式,以固定距离为"16 厘米"和固定角度为"0°"平移得到点 B;同时选中点 A,B,按照"极坐标"方式,以固定距离为"2.8 厘米"和固定角度为"90°"平移分别得到点 D,C;选中点 D,分别按照"极坐标"方式以"5.2 厘米""13.2 厘米"和固定角度为"0°"平移分别得到点 E,F;构造线段 BF,选中线段 BF 和点 F,选择"构造"→"垂线"命令,依次选中点 F,C,选择"构造"→"以圆心和圆周上的点绘圆"命令,与垂线相交,得到交点 G,选中圆和垂线,选择"显示"→"隐藏路径对象"命令;构造线段 AB,同时选中点 G 和线段 BF,选择"构造"→"平行线"命令,选中平行线和线段 AB,选择"构造"→"交点"命令,得到交点 H;选中点 A,按照"极坐标"方式以固定距离为"8 厘米"和固定角度为"0°"平移得到点 I。隐藏线段 AB 和平行线,构造线段 $AI,IH,HB,BC,CF,FE,ED,DA,EI,FG,GH$。

图 2-32

(2) 分离每一小块。依次选中点 A,D,E,I，选择"构造"→"四边形内部"命令，选择"显示"→"颜色"命令，选中"绿色"单击。选中画点工具，在适当位置单击画点 A'，选中点 A' 和线段 AI，选择"构造"→"以圆心和半径绘圆"命令。在圆周上任取一点 I'。依次选中点 A,I,E，选择"变换"→"标记角度"命令，双击点 I'，选中点 A'，选择"变换"→"旋转"命令，按照标记的角度旋转得到点 A''，依次选中点 I' 和线段 EI，选择"构造"→"以圆心和半径绘圆"命令，和线段 $A''I'$ 交于点 E'，以 A' 为圆心、线段 AD 为半径画圆和以 E' 为圆心、线段 DE 为半径画圆，两圆相交于点 D'，依次选中点 A',I',E',D'，选择"构造"→"四边形内部"命令，选择"显示"→"颜色"命令，选中"绿色"单击，隐藏所有圆和线段 $A''I'$，点 A''，构造线段 $A'I',I'E',E'D',D'A'$。

(3) 给区域编号。双击点 D'，选中点 I'，选择"变换"→"缩放"命令，按固定的比 $\frac{1}{2}$ 进行缩放得到点 I''。选中文本工具，在绘图区适当位置拖出一个输入区，在输入法中调用软键盘中的数字序号输入①，同时选中①和点 I''，按住【Shift】键，选择"编辑"→"合并文本到点"命令，隐藏点 I'' 和合并前的文本①。

类似地构造其他三个小块，并分别编上序号②③④。

(4) 制作每一小块的翻转图形。选中小块①，选择"编辑"→"复制"命令，拖动复制出的图形到适当位置。双击线段 $A'I'$，选中线段 $A'D',D'E',E'I'$ 和四边形 $A'D'E'I'$ 区域内部，选择"变换"→"反射"命令，选中线段 $A'D',D'E',E'I'$ 和四边形 $A'D'E'I'$ 区域内部，选择"显示"→"隐藏对象"命令。类似第（3）步的操作，编上序号①'。

类似地构造其他三个小块，并分别编上序号②'③'④'。

(5) 进行创作。

◇ 课件总结

(1) 极坐标的相关知识。

(2) 每一小块可以进行旋转操作，在第（2）步中"在圆周上任取一点 I'"，其中的"任取"暗示了可以在圆周上任意拖动点 I'。

(3) 考虑到拼接有些图形是要用到翻转图形，所以一并构造，并且用对应的序号来表示。

(4) 拓展练习11中提供了部分四巧板拼成的图案，请思考如何拼接。

(5) 可以构造一些移动按钮来实现图形的动态拼接，请自行尝试。

2.2.3 轴对称图形

◇ 运行效果

如图2-33所示,单击"折叠"按钮,△ABC绕直线l旋转180°与△$A'B'C'$重合。单击"还原"按钮,则快速复位。

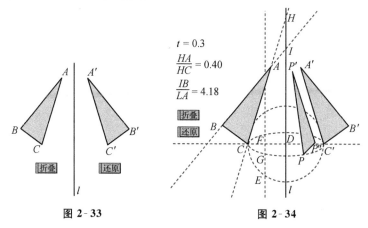

图 2-33　　　　　　　　图 2-34

◆ **技术指南**

(1) 制作折叠过程。

(2) "编辑"→"操作类按钮"→"移动"命令的使用。

◆ **制作步骤**

(1) 绘制轴对称图形。

构造△ABC和一条直线l(作为对称轴),双击直线l(表示"变换"→"标记镜面"命令),选中△ABC,选择"变换"→"反射"命令,得到△$A'B'C'$,则△ABC和△$A'B'C'$构成轴对称图形。

(2) 绘制椭圆轨道。

① 构造直线CC'交直线l于点D,依次选中点D,C,选择"构造"→"以圆心和圆周上的点绘圆"命令,得到⊙D。

② 选择"数据"→"新建参数"命令,新建参数$t=0.3$,选中⊙D,选择"构造"→"圆周上的点"命令,得到点E,选中点E和线段CC',选择"构造"→"垂线"命令,记垂线与线段CC'的交点为F,双击点F,选中点E,选择"变换"→"缩放"命令,弹出缩放对话框后,单击参数"$t=0.3$",单击"缩放"按钮,得到点G。选中点E,G,选择"构造"→"轨迹"命令,则得到一个椭圆。

(3) 创建移动按钮。

选中椭圆,选择"构造"→"轨迹上的点"命令,得到点P,依次选择点P,C,选择"编辑"→"操作类按钮"→"移动"命令,修改标签为"还原";单击"确定"按钮,依次选择点P,C',选择"编辑"→"操作类按钮"→"移动"命令,修改标签为"折叠",单击"确定"按钮。

(4) 制作折叠过程动画。

① 构造直线 AC 交直线 l 于点 H,依次选中点 H,C,A,选择"度量"→"比"命令,得到比值"$\frac{HA}{HC} = **$",双击点 H,选中点 P,选择"变换"→"缩放"命令,弹出缩放对话框后,单击比值"$\frac{HA}{HC} = **$",单击"缩放"按钮,得到点 P'。(说明:"$**$"表示具体的数值,它因图形位置不同而呈现不同的值。后同)

② 构造直线 AB 交直线 l 于点 I,依次选中点 I,A,B,选择"度量"→"比"命令,得到比值"$\frac{IB}{IA} = **$",双击点 I,选中点 P',选择"变换"→"缩放"命令,弹出缩放对话框后,单击比值"$\frac{IB}{IA} = **$",单击"缩放"按钮,得到点 P''。

③ 依次选中点 A,B,C,选择"构造"→"三角形内部"命令,把填充色改为绿色。类似地,填充 $\triangle A'B'C'$ 和 $\triangle PP'P''$ 的内部。

④ 如图 2-34 所示,依次选中直线 AB,AC,EF,CC',点 D,E,F,G,H,I,选择"显示"→"隐藏"命令。

◇ 课件总结

(1) 制作折叠动画必须借助椭圆轨道。而椭圆可以通过把圆进行简单的压缩而得到。本例第(2)步中可以通过调节参数 t 的值,使动画效果尽可能更好。

(2) 仔细思考第(4)步中的缩放操作。这是利用在折叠过程中,同一平面内对应线段的长度不变,从而长度之比也不变的性质得到的。

(3) $\triangle ABC$ 的位置可以调整,进而可以动态观察轴对称图形的性质。

2.2.4 切割线定理

◇ 运行效果

拖动图 2-35 中的点 A,改变其与圆心 O 的距离,观察切线 AB 的长,线段 AD 和 AC 的长,思考它们之间是否存在某种数量关系。拖动点 P,改变圆的半径,或者拖动点 D,改变割线的位置,观察这种数量关系是否依然成立。

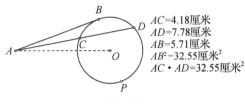

图 2-35

◇ 技术指南

(1) 圆的切线的构造方法。

(2) "度量"→"距离"命令的使用。

◇ 制作步骤

(1) 用画圆工具在绘图区的适当位置绘制一个圆 O,用画点工具按照图 2-35 所示画一点 A。

(2) 连结线段 AO,选中线段 AO,选择"构造"→"中点"命令,得到点 A',依次选中点 A',A,选择"构造"→"以圆心和圆周上的点绘圆"命令,和圆 O 交于点 B,构造线段 AB。

(3) 选择画射线工具,单击点 A,再在适当位置单击,构造射线 l,记 l 与圆 O 相交于点 C,D,隐藏射线 l,构造线段 AC,AD。

(4) 依次选中点 A,C,选择"度量"→"长度"命令,得到线段 AC 的长,类似地,得到线段 AB,AD 的长。

(5) 选择"数据"→"计算"命令,依次单击"$AB=*$""^""2",单击"确定"按钮。选择"数据"→"计算"命令,依次单击"$AC=*$""*""$AD=*$",单击"确定"按钮。

(6) 分别改变点 A,P,D 的位置,观察第(5)步中相应的数量关系有没有改变。

◇ 课件总结

(1) AB 是圆 O 切线的理论根据是直径 AO 所对的圆周角是直角。

(2) 度量线段 AB 的长,可以直接选中线段 AB,然后选择"度量"→"长度"命令,这时屏幕上显示的是"$\overline{AB}=5.71$ 厘米"。

(3) 请读者用类似的方法探索相交弦定理。

2.2.5 弦切角定理、圆心角和圆周角定理

◇ 运行效果

拖动图 2-36 中的点 P,改变其在圆周上的位置,观察圆周角 $\angle APB$ 的度数是否变化。拖动点 B,改变弦切角 $\angle CAB$ 的度数,观察它与圆周角 $\angle APB$ 的度数之间的关系。单击"显示圆心角"按钮,观察圆心角 $\angle AOB$ 的度数与圆周角 $\angle APB$ 的度数之间的关系。

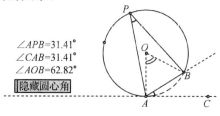

图 2-36

◈ 技术指南

(1) 角标记的使用。

(2) "构造"→"圆上的弧"命令的使用。

◈ 制作步骤

(1) 选中画圆工具,在绘图区的适当位置画一个圆 O,选中圆 O,选择"构造"→"圆上的点"命令,得到点 A,连结线段 AO,依次选中点 A 和线段 AO,选择"构造"→"垂线"命令,如图 2-36 所示,在垂线的适当位置构造一点 C,构造线段 AC。

(2) 选中圆 O,选择"构造"→"圆上的点"命令,得到点 B,构造射线 AB,选中标识工具,移动鼠标到点 A,当发现鼠标形状变为斜向左上方的笔形时,单击,然后按住鼠标在 $\angle BAC$ 的内部拖动,当出现需要的角度标记时,释放鼠标,则角度标记出现,如图 2-36 所示。

(3) 选择移动箭头工具,把鼠标移到角标记弧内部的区域,单击,然后选择"度量"→"角度"命令,得到"$\angle BAC = **$"。

(4) 依次选中点 B,A,圆 O,选择"构造"→"圆上的弧"命令,选中圆弧,选择"构造"→"弧上的点"命令,得到点 P,构造线段 AP,BP,用类似的方法绘制 $\angle APB$ 的标记,并度量其大小。

(5) 分别拖动点 B,P,观察 $\angle APB$ 与 $\angle BAC$ 的数量关系。

◈ 课件总结

(1) 角标记功能能清晰地表示相应角,从而更人性化地辅助探究。如果要显示图 2-36 中 $\angle AOB$ 的标记,只要选中标识工具,然后把鼠标移到角标记的弧内部区域,当鼠标形状变为斜向左上方的笔形时,单击一次,则增加一道弧,再单击一次,则再增加一道弧,类似地,最多为四道弧标记。

(2) 第(4)步中构造的圆弧为实线所表示的圆弧,这样保证拖动点 P 时只局限在实线弧上。

(3) 若要观察同弧所对的圆心角和圆周角的关系,只要构造出圆心角 $\angle AOB$,然后度量其角度,拖动点 P,观察相应的数量关系即可。

2.2.6 三棱柱的体积公式推导

◈ 运行效果

图 2-37 是单击"拆分"按钮后的情形。单击其他按钮,可实现相应效果。

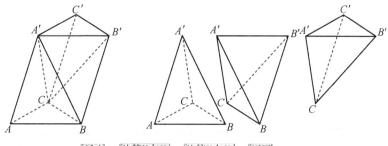

|拆分| |比较V_1与V_2| |比较V_2与V_3| |还原|

图 2-37

◆ **技术指南**

(1) "编辑"→"操作类按钮"→"系列"命令的运用。

(2) "编辑"→"操作类按钮"→"隐藏/显示"命令的运用。

(3) "变换"→"标记向量"命令的使用。

◆ **制作步骤**

(1) 构造斜三棱柱 $ABC\text{-}A'B'C'$。

选择画线段工具,如图 2-37 所示,构造三角形 ABC,在适当位置构造点 A',依次选中点 A,A',选择"变换"→"标记向量"命令,选中三角形 ABC 除点 A 的部分,选择"变换"→"平移"命令,按照图 2-37 构造相应的线段,并调整其虚实线,得到斜三棱柱。

(2) 分解三棱柱。

① 如图 2-38 所示,依次单击点 A,B,选择"构造"→"射线"命令,再选择"构造"→"射线上的点"命令,得到点 D,依次选中点 A,D,选择"构造"→"线段"命令,再选择"构造"→"线段上的点"命令,得到点 G,依次选中点 A,G,选择"变换"→"标记向量"命令,选中第一个三棱锥 $A'\text{-}ABC$,选择"变换"→"平移"命令。

② 依次选中点 G,A,选择"编辑"→"操作类按钮"→"移动"命令,修改按钮的标签为"复原 1",依次选中点 G,D,选择"编辑"→"操作类按钮"→"移动"命令,修改按钮的标签为"移动 1"。

③ 类似地,在射线 AB 的适当位置构造一个点 E,构造线段 AE 上一点 H,把第二个三棱锥 $C\text{-}A'B'B$ 按照向量 $\overrightarrow{AH}$ 平移。构造 $H\to A$ 的移动按钮"复原 2",构造 $H\to E$ 的移动按钮"移动 2"。

④ 类似地,在射线 AB 的适当位置构造一个点 F,构造线段 AF 上一点 I,把第三个三棱锥 $C\text{-}A'B'C'$ 按照向量 $\overrightarrow{AI}$ 平移。构造 $I\to A$ 的移动按钮"复原 3",构造 $I\to F$ 的移动按钮"移动 3"。

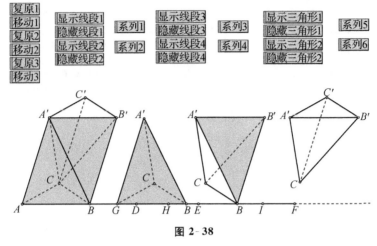

图 2-38

(3) 第二个三棱锥的虚实线调整。

① 当把第二个三棱锥 C-$A'B'B$ 平移后,会出现微调虚实线 $A'C$ 和 CB,具体实现方法如下:选中平移后的第二个三棱锥 C-$A'B'B$ 的两条棱 $A'C$ 和 CB,选择"编辑"→"操作类按钮"→"隐藏/显示"命令,调整其标签为"显示线段1",并修改其动作为"总是显示"。依然选中这两条棱,选择"编辑"→"操作类按钮"→"隐藏/显示"命令,调整其标签为"隐藏线段1",并修改其动作为"总是隐藏"。

② 单击"隐藏线段1"按钮,重新绘制棱 $A'C$ 和 CB,并调整其属性为"实线"和"中等"。类似上一步构造"显示线段2"和"隐藏线段2"按钮。

③ 依次选中"隐藏线段1"和"显示线段2"按钮,选择"编辑"→"操作类按钮"→"系列"命令,修改其标签为"系列1",系列动作为"同时执行"。

④ 依次选中"隐藏线段2"和"显示线段1"按钮,选择"编辑"→"操作类按钮"→"系列"命令,修改其标签为"系列2",系列动作为"同时执行"。

(4) 第三个三棱锥的虚实线调整和第二、三两个棱锥对应底面着色调整。

① 仿照第(3)步,制作第三个三棱锥 C-$A'B'C'$ 的两条棱 $A'C$ 和 $B'C$ 的虚实线调整,分别对应为"系列3"和"系列4"按钮。

② 仿照第(3)步,制作第二个三棱锥 C-$A'B'B$ 的面 $BA'B'$ 填充色不显示,而同时显示第二个三棱锥 C-$A'B'B$ 的面 $CB'B'$ 和第三个三棱锥的面 $CB'C'$,分别对应为"系列5"和"系列6"按钮。

(5) 制作"拆分"和"复原"按钮。

① 依次选择"移动1""移动2""系列1""移动3""系列3"和"系列6"按钮,选择"编辑"→"操作类按钮"→"系列"命令,系列动作为"依序进行",修改其标签为"拆分"。

② 依次选择"系列 6""复原 3""系列 4""复原 2""系列 2"和"复原 1"按钮，选择"编辑"→"操作类按钮"→"系列"命令，系列动作为"依序进行"，修改其标签为"复原"。

（6）制作"比较 V_1 和 V_2""比较 V_2 和 V_3"按钮。

① 依次选中 H,D，选择"编辑"→"操作类按钮"→"移动"命令，修改其标签为"比较 1"，依次选中"移动 $H→D$"和"系列 2"按钮，选择"编辑"→"操作类按钮"→"系列"命令，系列动作为"依序执行"，修改其标签为"比较 V_1 和 V_2"。

② 依次选中 I,H，选择"编辑"→"操作类按钮"→"移动"命令，修改其标签为"比较 2"，依次选中"移动 $I→H$""系列 4"和"系列 5"按钮，选择"编辑"→"操作类按钮"→"系列"命令，系列动作为"依序执行"，修改其标签为"比较 V_2 和 V_3"。

③ 隐藏除图 2-37 以外的所有图形。

④ 先单击"拆分"按钮，然后单击"比较 V_1 和 V_2"按钮；单击"拆分"按钮，然后单击"比较 V_2 和 V_3"按钮。

◆ 课件总结

（1）本例第（3）步中借助"系列"按钮实现了线段的虚实线调整。事实上，还可以借助"系列"按钮实现闪烁效果，具体方法是：再构造两对按钮"总是显示"和"总是隐藏"，然后全部选中六个按钮，选择"编辑"→"操作类按钮"→"系列"命令，在图 2-39 的对话框中将"系列动作"设置为"依序执行"，"动作之间暂停"为"0.2"秒，在标签中修改其名称为"闪烁"，单击"确定"按钮，则出现一个"闪烁"按钮，单击，则可实现闪烁效果。

图 2-39

（2）在图 2-38 中，要调整第二个三棱锥顶点 A' 的标签位置，可以选中"文字工具"，然后把鼠标移至顶点附近，当手型图标中出现字母"A"时，拖动鼠标（用食指按住鼠标左键不放，移动鼠标，当鼠标移到指定的位置，松开左键），即可调整标签位置。

2.2.7 正四棱柱、锥、台的相互转化

◇ 运行效果

拖动图 2-40 中的点 O' 可以改变正四棱台的高,选中参数"$k=**$",按住键盘上的"+"或"-",改变参数 k 的值,可以实现正四棱柱、锥、台之间的相互转化。

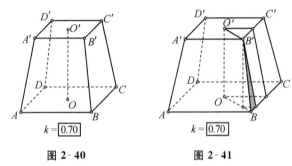

图 2-40   图 2-41

◇ 技术指南

(1) 参数功能的使用。
(2) 标记向量功能的使用。
(3) 缩放功能的使用。

◇ 制作步骤

(1) 制作下底面。选中画线工具,绘制一条水平线段 AB,双击点 A,选中点 B,选择"变换"→"旋转"命令,按照默认的 45°角度旋转得到点 B',再选择"变换"→"缩放"命令(此时点 B' 为选中状态),按照默认的比 $\frac{1}{2}$ 缩放得到点 B'',修改其标签为 D。先后选中点 A,B,选择"变换"→"标记向量"命令,选中点 D,选择"变换"→"按标记的向量平移"命令得到点 C,连结线段 BC,CD,DA,并调整其虚实。

(2) 制作高。双击点 D,选中点 B,选择"变换"→"缩放"命令,按照默认的比 $\frac{1}{2}$ 缩放得到点 O;选中点 O 和线段 AB,选择"构造"→"垂线"命令,得到垂线 l;选择"构造"→"直线上的点"命令,得到上底面的中心 O';选中直线 l,选择"显示"→"隐藏线段"命令,构造线段 OO',得到相应棱柱(锥、台)的高。

(3) 制作上底面。

① 选择"数据"→"新建参数"命令,新建参数"$k=0.6$",右击参数"$k=0.6$",调整其"参数"属性中"键盘调节(+/-)"为:改变以"0.1"为单位。选中参数 $k=0.6$,选择"变换"→"标记比值"命令。

② 依次选中点 O,O',选择"变换"→"标记向量"命令;依次选中点 $A,B,C,$

D,选择"变换"→"按标记的向量平移"命令,得到四个点;再选择"变换"→"缩放"命令,按标记的比缩放得到点 A',B',C',D',连结线段 $A'B',B'C',C'D',D'A'$。

◇ **课件总结**

(1) 当 $k=1$ 时,得到正四棱柱;当 $k=0$ 时,得到正四棱锥;当 $0<k<1$ 时,得到正四棱台。

(2) 在图 2-40 中补上一些线段,可以体会高、斜高、侧棱和侧棱在底面上的射影之间的关系,如图 2-41 所示。

2.2.8 函数 $y=x+\dfrac{k}{x}$ 的图象

◇ **运行效果**

单击图 2-42 中的参数 k,调整其参数的值,图 2-42 分别为 $k=1$ 和 $k=4$ 所对应的图象,观察叠加后函数的奇偶性、单调性、周期性等性质。

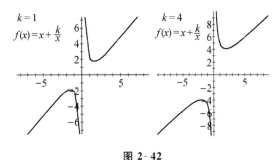

图 2-42

◇ **技术指南**

导函数的使用。

◇ **制作步骤**

(1) 构建新函数。选择"数据"→"新建参数"命令,新建参数 $k=4$;选择"数据"→"新建函数"命令,依次单击新建函数面板上的"x""+",绘图区中的参数"$k=4$",面板上的"÷""x",单击"确定"按钮。

(2) 绘制函数图象。选中函数 $f(x)=x+\dfrac{k}{x}$,选择"绘图"→"绘制新函数"命令,得到对应的函数图象。

◇ **课件总结**

(1) 参数功能是几何画板的一大亮点,它对于探究参数在函数中的作用有着举足轻重的作用。

(2) 几何画板 5.x 版本中增加了一个"创建导函数"功能,选中函数 $f(x)=x+\dfrac{k}{x}$,选择"数据"→"创建导函数"命令,得到导函数表达式 $f'(x)=1-\dfrac{k}{x^2}$。

类似地,可以绘制其函数图象,这为观察函数的单调性带来极大的方便。它还支持多次对函数求导,即可以求高阶导数。

2.2.9 二面角的形成

◇ **运行效果**

如图 2-43 所示,单击"还原"按钮,二面角退化为一条线段;单击"二面角的形成"按钮,则演示动态形成二面角的过程,其中二面角的平面角大小由 $\angle BAD$ 的大小控制。

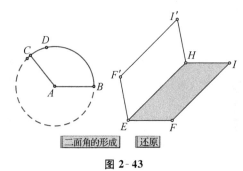

图 2-43

◇ **技术指南**

(1) 点到点的移动动画制作。

(2) "系列"按钮的使用。

◇ **制作步骤**

(1) 构造控制二面角大小的角度 $\angle BAD$。

选中画圆工具,如图 2-43 所示,在绘图区的适当位置画圆 A,选中画点工具,在圆 A 上的适当位置单击绘制点 B 和点 C,依次选取点 B,C 和圆周,选择"构造"→"圆上的弧"命令,得到一段劣弧 $\overset{\frown}{BC}$,再选择"构造"→"弧上的点"命令,得到劣弧 $\overset{\frown}{BC}$ 上一点 D,依次选中点 D,C,选择"编辑"→"操作类按钮"→"移动"命令,创建从点 $D→C$ 的移动按钮,依次选择点 D,B,选择"编辑"→"操作类按钮"→"移动"命令,创建从点 $D→B$ 的移动按钮,选择"快速"选项。

(2) 构造二面角的一个面。

选中画点工具,在绘图区的适当位置单击,绘制一点 E,过点 E 作水平线段 EF,与水平方向成 $45°$ 角的线段 EG,在线段 EG 上任取一点 H,把点 H 按向量 $\overrightarrow{EF}$ 平移得到点 I。依次选中点 E,F,I,H,选择构造"构造"→"四边形内部"命令,右击修改其颜色属性为"蓝色"。

(3) 构造二面角形成动画。

① 依次选中点 B,A,D，选择"变换"→"标记角度"命令（表示标记角度 $\angle BAD$），双击点 E，选中点 F，选择"变换"→"旋转"命令，按标记角度 $\angle BAD$ 旋转得到点 F'，依次选中点 E,F'，选择"变换"→"标记向量"命令，选中点 H，选择"变换"→"平移"命令，按标记的向量平移得到点 I'，依次选中点 E,F',I',H，选择"构造"→"四边形内部"命令，右击修改其颜色属性为"黄色"。

② 依次选中点 H,E，选择"编辑"→"操作类按钮"→"移动"命令，创建点 $H→E$ 的移动按钮（快速），类似地创建点 $H→G$ 的移动按钮。依次选中 $D→B$ 的移动按钮、$H→E$ 的移动按钮，选择"编辑"→"操作类按钮"→"系列"命令，如图 2-44 所示，在"系列动作"中选择"依序执行"，修改其标签为"还原"，单击"确定"按钮，得到"还原"按钮。

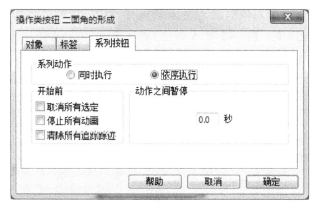

图 2-44

③ 依次选中 $H→G$ 的移动按钮、$D→C$ 的移动按钮，选择"编辑"→"操作类按钮"→"系列"命令，在"系列动作"中选择"依序执行"，修改其标签为"二面角的形成"，单击"确定"按钮，得到"二面角的形成"按钮。

④ 选中点 G 和线段 EG，选择"显示"→"隐藏对象"命令。

❖ **课件总结**

（1）几何画板不仅可以让一个点沿着一条路径运动，也可以定义"点对点"的运动，前者叫作"动画"，后者叫作"移动"。定义"移动"的方法是：同时选中两个点作为当前对象，单击"编辑"→"操作类按钮"→"移动"命令，并指定移动的速度后，单击"确定"按钮，在画板上即出现"移动"按钮。单击"移动"按钮，可以实现从第一个点向第二个点的运动，再单击，就停止移动，这种运动一般是沿直线的运动；如果用圆弧上的两点移动，就可以实现沿弧线的移动。本例中 $D→B, D→C$ 即是沿着圆弧移动。

（2）事实上，定义二面角的平面角就是找一个平面角，能刻画二面角的大小。可以在半平面 $EFIH$ 内任意找一点 P,观察点 P 在二面角的形成过程中的运动轨迹。

2.2.10 函数 $y=A\sin(\omega x+\varphi)$ 的图象

◇ 运行效果

如图 2-45 所示,单击"初始化"按钮,则各参数的值自动初始化为 $A=1.0$,$\omega=1.0,\varphi=0.00$ 弧度。用鼠标选中 $\omega=1.0$,同时按住【Shift】键和【+】键,增加 ω 的值(如果要减少参数值,可以直接按键盘上的【-】键,下同),则屏幕上动态演示由函数 $y=\sin x$ 的图象变换到函数 $y=\sin\omega x$ 的图象过程;然后用鼠标选中 $\varphi=0.00$ 弧度,同时按住【Shift】键和【+】键,增加 φ 的值,则屏幕上动态演示由 $y=\sin\omega x$ 的图象变换到函数 $y=\sin(\omega x+\varphi)$ 的图象过程;继续选中 $A=1.0$,同时按住【Shift】键和【+】键,增加 A 的值,则屏幕上动态演示由 $y=\sin(\omega x+\varphi)$ 的图象变换到函数 $y=A\sin(\omega x+\varphi)$ 的图象过程。这就是演示函数的综合变换:$y=\sin x \rightarrow y=\sin\omega x \rightarrow y=\sin(\omega x+\varphi) \rightarrow y=A\sin(\omega x+\varphi)$。

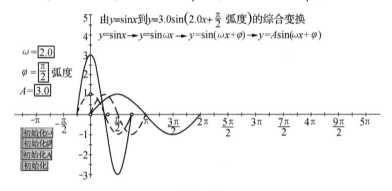

图 2-45

◇ 技术指南

(1) 参数增加或减少的操作。

(2) "编辑"→"操作类按钮"→"动画"命令的设置。

(3) "系列"按钮的使用。

(4) 文本输入的使用。

◇ 制作步骤

(1) 绘制正弦函数的图象。

① 新建参数"$\omega=2.0$",右击"$\omega=2.0$",选中"属性",在弹出的对话框中修改"数值"选项中的"精确度"为"十分之一",修改"参数"选项中的"键盘调节(+/-)"为"0.1"。

新建参数"$\varphi=\frac{\pi}{2}$ 弧度",右击"$\varphi=\frac{\pi}{2}$ 弧度",选中"属性",在弹出的对话框中修改"数值"选项中的"精确度"为"百分之一",修改"参数"选项中的"键盘调节（＋／－）"为"$\frac{\pi}{12}$"。

新建参数"$A=3.0$",右击"$A=3.0$",选中"属性",在弹出的对话框中修改"数值"选项中的"精确度"为"十分之一",修改"参数"选项中的"键盘调节（＋／－）"为"0.1"。

② 选择"绘图"→"绘制新函数"命令,在弹出的"新建函数"对话框中选择"函数"中的"sin",再单击面板上的"x",单击"确定"按钮,绘制函数 $y=\sin x$ 的图象,右击函数图象,将弹出的"函数图像♯1"的"绘图"选项中的数据按图 2-46 所示调整。其中输入框中的"π"只要在英文状态下单击字母"p"键即可。为了方便观察,选定图象显示区间为 $[0,2\pi]$。

图 2-46

（2）绘制函数 $y=\sin\omega x$ 的图象。

选中函数 $y=\sin x, x\in[0,2\pi]$ 的图象,选择"构造"→"函数图象上的点"命令,得到一点 B,选择点 B,选择"度量"→"横坐标"命令,得到"$x_B=**$";选中点 B,选择"度量"→"纵坐标"命令,得到"$y_B=**$"。选择"数据"→"计算"命令,依次单击"$x_B=**$",计算面板上的"÷",绘图区中的"$\omega=2.0$",得到 $\frac{x_B}{\omega}$ 的值。依次选中"$\frac{x_B}{\omega}=**$""$y_B=**$",选择"绘图"→"绘制点$(x,y)(P)$"命令,得到点 B',依次选中点 B,B',选择"构造"→"轨迹"命令,得到函数 $y=\sin\omega x$ 的图象。选中点 B,B',选择"显示"→"隐藏点"命令。

（3）绘制函数 $y=\sin(\omega x+\varphi)$ 的图象。

选中函数 $y=\sin\omega x, x\in\left[0,\dfrac{2\pi}{\omega}\right]$ 上的图象，选择"构造"→"函数图象上的点"命令，得到一点 C，选择点 C，选择"度量"→"横坐标"命令，得到"$x_C=**$"；选中点 C，选择"度量"→"纵坐标"命令，得到"$y_C=**$"。选择"数据"→"计算"命令，依次单击"$x_C=**$"，计算面板上的"$-$"，绘图区中的"$\varphi=\dfrac{\pi}{2}$""$\div$""$\omega=**$"，得到 $x_C-\dfrac{\varphi}{\omega}$ 的值。依次选中"$x_C-\dfrac{\varphi}{\omega}=**$""$y_C=**$"，选择"绘图"→"绘制点$(x,y)(P)$"命令，得到点 C'；依次选中点 C,C'，选择"构造"→"轨迹"命令，得到函数 $y=\sin(\omega x+\varphi)$ 的图象。选中点 C,C'，选择"显示"→"隐藏点"命令。

（4）绘制函数 $y=A\sin(\omega x+\varphi)$ 的图象。

选中函数 $y=\sin(\omega x+\varphi), x\in\left[-\dfrac{\varphi}{\omega},-\dfrac{\varphi}{\omega}+\dfrac{2\pi}{\omega}\right]$ 的图象，选择"构造"→"函数图象上的点"命令，得到一点 D，选择点 D，选择"度量"→"横坐标"命令，得到"$x_D=**$"；选中点 D，选择"度量"→"纵坐标"命令，得到"$y_D=**$"；选择"数据"→"计算"命令，单击"$A=3$"，面板上的"$*$"和"$y_D=**$"，得到 Ay_D 的值；依次选中"$x_D=**$""$Ay_D=**$"，选择"绘图"→"绘制点$(x,y)(P)$"命令，得到点 D'；依次选中点 D,D'，选择"构造"→"轨迹"命令，得到函数 $y=A\sin(\omega x+\varphi)$ 的图象。选中点 D,D'，选择"显示"→"隐藏点"命令。

（5）设置"初始化"按钮。

选中参数 $\omega=2.0$，选择"编辑"→"操作类按钮"→"动画"命令，弹出"操作类按钮动画参数"对话框，在"动画"项中设置"方向"为"随机"，勾选"只播放一次"，"在区域里随机变化"的范围中初始值为"1.0"，终值为"1.0"（输入时，应输入0.999999，否则会自动变为2.0），并修改按钮标签为"初始化ω"，如图2-47所示。

图 2-47

用同样的方法设置参数 $A=3,\varphi=\dfrac{\pi}{2}$（设置初始值为 0.0,终值为 0.000001），分别得到两个按钮"初始化 φ""初始化 A",依次选中这三个按钮,选择"编辑"→"操作类按钮"→"系列"命令,在系列按钮的"系列动作"中选中"同时执行",修改按钮标签为"初始化"。

(6) 动态演示综合变换过程。

◇ **课件总结**

(1) 如果要单独演示周期变换,可以先单击"初始化"按钮,然后选中 $\omega=1.0$,同时按住【Shift】键和【+】键,增加 ω 的值,则屏幕上动态演示由 $y=\sin x$ 的图象变换到函数 $y=\sin\omega x$ 的图象的过程。

(2) 如果要单独演示振幅变换,可以先单击"初始化"按钮,然后选中 $A=1.0$,同时按住【Shift】键和【+】键,增加 A 的值(如果要减少参数值,可以直接按键盘上的【-】键),则屏幕上动态演示由 $y=\sin x$ 的图象变换到函数 $y=A\sin x$ 的图象的过程。

(3) 请思考如何动态演示由 $y=\sin x$ 的图象变换到函数 $y=\sin(x+\varphi)$ 的图象的过程。

(4) 请思考如何动态演示由 $y=\sin x \to y=\sin\omega x \to y=\sin(\omega x+\varphi)$ 的图象的变换过程。(按照周期变换、相位变换、振幅变换的顺序任选两个)

(5) 仿照上述方法可以制作函数图象 $y=\sin x \to y=\sin\omega x \to y=A\sin\omega x \to y=A\sin(\omega x+\varphi)$ 的综合变换过程以及其他四种综合变换过程。当然制作过程中需要对对象的变换规律非常熟悉。

(6) 结合图象可形象地感受周期变换的规律和相位变换的规律,再理解点的变换引起图象的整体变换这一本质。

2.2.11 圆锥曲线的第二定义

◇ **运行效果**

如图 2-48 所示,选中 $e=1.5$,按键盘上的【+】或【-】键,可以调整平面上一动点 P 到定点 F 与定直线 l 的距离之比。当 $e>1, e=1, 0<e<1$ 时,对应的轨迹分别是双曲线、抛物线和椭圆。

◇ **技术指南**

(1) 交轨法思想的运用。

(2) 参数的妙用。

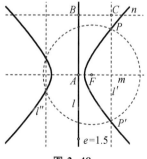

图 2-48

◆ **制作步骤**

（1）构造定点和定直线。

选中画点工具，在绘图区的适当位置单击，构造一点 F，选中画线工具，在图 2-48 的相应位置构造一条直线 l，则定点和定直线都已构造完毕。

（2）由交轨法构造轨迹。

① 同时选中点 F 和直线 l，选择"构造"→"垂线"命令，得到垂线 m，选中直线 l，选择"构造"→"直线上的点"命令，得到一点 B。

② 选中直线 l 和点 B，选择"构造"→"垂线"命令，得到垂线 n，选择"构造"→"直线上的点"命令，得到一点 C。

③ 选中点 B,C，选择"度量"→"距离"命令，得到 $BC=**$ 厘米。

④ 选择"数据"→"新建参数"命令，新建参数 $e=1.5$，选择"数据"→"计算"命令，依次单击"$BC=**$ 厘米""*""$e=1.5$"，得到 $BC*e$ 的值。

⑤ 依次选中点 F 和"$BC*e=**$"，选择"构造"→"以圆心和半径绘圆"命令。

⑥ 依次选中点 C 和直线 l，选择"构造"→"平行线"命令，得到平行线 l'，同时选中直线 l' 和圆，选择"构造"→"交点"命令，得到交点 P,P'。

⑦ 同时选中点 C,P，选择"构造"→"轨迹"命令，同时选中点 C,P'，选择"构造"→"轨迹"命令，则所得轨迹即为所求的平面内到定点的距离和到定直线的距离之比为常数 e 的点的轨迹。

◆ **课件总结**

（1）若轨迹图象有锯齿，可以右击轨迹，调整采样数量为"1000"，如图 2-49 所示。

图 2-49

（2）点 P 满足关系式 $\dfrac{|PF|}{|PM|}=e$，其中点 M 为点 P 到直线 l 的垂足。由构造过程可以发现 $|PM|=|BC|$，所以关系式显然成立。

（3）调整参数 e 的值，可以得到双曲线、椭圆、抛物线这些圆锥曲线。

(4) 拖动点 F 可以改变定点到定直线的距离,参数 e 的值不变,相应圆锥曲线的形状不变。

(5) 为了保证轨迹的完备性,最好作出直线 l' 关于定直线 l 对称的直线 l''。类似地,可以构造其与圆的交点的轨迹(几何画板 5.x 版本对此进行了优化)。

(6) 本构造方法的亮点在于通过点 B 在直线 l 上的运动,带动直线 n 的上下运动,进而对平面进行扫描,把所有满足条件的点都搜索到。

2.2.12 圆锥截面

◇ 运行效果

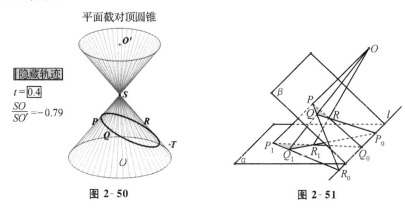

图 2-50　　　　　　　　　图 2-51

如图 2-50 所示,拖动点 P,Q,R 中的任意一点,可以改变截面的位置;拖动点 T,可以改变底面椭圆的大小;拖动点 S,可以调节两个对顶圆锥的大小;拖动点 O',可以改变对顶圆锥的总高;改变参数 t 的值,可以调整圆锥底面椭圆的圆扁程度。

◇ 技术指南

(1) Desargues 定理:若两个三角形对应的顶点的连线共点,则对应边所在直线的交点共线,其逆也真。如图 2-51 所示,如果 $\triangle PQR$ 与 $\triangle P_1Q_1R_1$ 对应的顶点连线共点于 O,那么三点 P_0,Q_0,R_0 共线(其中 P_0,Q_0,R_0 分别是 QR 与 Q_1R_1,PR 与 P_1R_1,PQ 与 P_1Q_1 的交点)。反之,如果 $\triangle PQR$ 与 $\triangle P_1Q_1R_1$ 对应边所作的直线的交点 P_0,Q_0,R_0 共线,那么这两个三角形对应的顶点的连线共点。此定理不仅适用于平面几何,也适用于立体几何。

(2) "构造"→"轨迹"命令的使用。

◇ 制作步骤

(1) 画出对顶圆锥轮廓。

① 选中画圆工具,在适当位置画圆 O,选中画直线工具,单击点 O,按住【Shift】键,在右方单击,绘制水平直线 l,选中圆周,选择"构造"→"圆上的点"命

令,得到点 A,再选中直线 l,选择"构造"→"垂线"命令,单击垂线与 l 相交处,得到交点 B,选择"数据"→"新建参数"命令,新建参数 $t=0.4$,双击点 B,选中点 A,选择"变换"→"缩放"命令,按照参数 $t=0.4$ 缩放得到点 A',同时选中点 A, A',选择"构造"→"轨迹"命令,得到一个椭圆。

② 选中点 O 和直线 l,选择"构造"→"垂线"命令,得到垂线 m,再选择"构造"→"直线上的点"命令,得到点 O',构造线段 OO' 及其上任一点 S。

③ 依次选中点 S,O,O',选择"度量"→"比"命令,得到比值 $\dfrac{SO'}{SO}$。

④ 选中椭圆,选择"构造"→"轨迹上的点"命令,得到点 A_1,双击点 S,选择"变换"→"缩放"命令,按照比值 $\dfrac{SO'}{SO}$ 缩放得到点 A_1',选中点 A_1, A_1',选择"构造"→"轨迹"命令,得到另一个椭圆。连结线段 A_1A_1',选中点 A_1,线段 A_1A_1',选择"构造"→"轨迹"命令,右击轨迹,调整轨迹数量为 50。选中轨迹,选择"编辑"→"操作类按钮"→"隐藏/显示"命令,单击"隐藏轨迹"按钮。

⑤ 选中除图 2-53 中的其他部分,选择"显示"→"隐藏对象"命令。

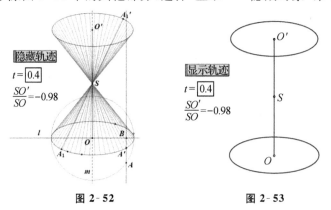

图 2-52   图 2-53

(2) 构造截面 γ 与椭圆所在的底面 α 的交线 l。

① 选中第一个椭圆,选择"构造"→"轨迹上的点"命令,得到点 P_1,类似地得到其上的另外两点 Q_1,R_1,同时选中这三点,选择"构造"→"三角形内部"命令,记为平面 α。

② 双击点 S,选中点 P_1,Q_1,R_1,选择"变换"→"缩放"命令,按照比值 $\dfrac{SO'}{SO}$ 缩放得到三点 P_1',Q_1',R_1',它们一定在另一椭圆上,构造线段 P_1P_1', Q_1Q_1', R_1R_1',得到三条母线。同时选中这三条母线,选择"构造"→"直线上的点"命令,得到在母线上的三点 P,Q,R,同时选中这三点,选择"构造"→"三角形内部"命令,得到截面 γ。

③ 构造六条直线 $PQ,QR,RP,P_1Q_1,Q_1R_1,R_1P_1$,其对应的边的连线的交点为 R_0,Q_0,P_0(其中满足 $P_1Q_1 \cap PQ=R_0,P_1R_1 \cap PR=Q_0,Q_1R_1 \cap QR=P_0$),应用 Desargues 定理,得到三点共线,画出这条线 l。

（3）构造截面图形。

① 如图 2-54 所示,选中第一个椭圆,选择"构造"→"轨迹上的点"命令,得到一点 C,再选择"变换"→"缩放"命令,按照比值 $\dfrac{SO'}{SO}$ 缩放得到点 C',构造线段 CC'。

② 构造直线 P_1C,单击其与 l 的交点处,得到点 G,连结 PG 交 CC' 于点 M,M 即为截面 γ 与母线 CC' 的交点,同时选中点 C,M,选择"构造"→"轨迹"命令,则得到相应的圆锥曲线。

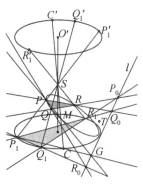

图 2-54

③ 隐藏图 2-54 中不必要的点和线,单击"隐藏轨迹"按钮,最后得到图 2-50。

◇ **课件总结**

（1）直线 l 是截面 γ 与底面 α 的交线,作点 M 的轨迹时,对两个三角形 $\triangle PQM,\triangle P_1Q_1C$ 应用 Desargues 定理而得到。

（2）Desargues 定理中 O 点可以位于无穷远处,即是三条平行线的交点。

（3）"隐藏轨迹"按钮是为增强视觉效果而添加的,构造 $\triangle PQR$ 和 $\triangle P_1Q_1R_1$ 内部是为方便观察。

2.2.13 圆柱的体积变化规律

◇ **运行效果**

本例主要探究当圆柱的侧面积一定时,体积随底面半径的变化规律。单击"$S=50$",可以修改侧面积的值,选中底面周长 $b=10$ 厘米,用键盘上的【＋】或【－】键可以改变圆柱底面周长的大小。

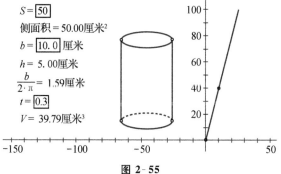

图 2-55

◇ **技术指南**

(1) 参数的使用。

(2) 椭圆的分段绘制。

◇ **制作步骤**

(1) 新建作为圆柱侧面展开图的一些参数。

① 新建参数 $S=50$,选择"数据"→"计算"命令,单击"$S=50$"" * ""1""厘米"" * ""1""厘米",单击"确定"按钮,修改其标签为"侧面积"。

② 新建参数 $b=10$,选择"数据"→"计算"命令,单击"侧面积=50 厘米²""/""$b=10$ 厘米",单击"确定"按钮,修改其标签为"h"。

③ 选择"数据"→"计算"命令,单击"b""/""(""2""*""π"")",得到底面半径的值,修改其标签为"r"。

④ 新建参数 $t=0.3$。

⑤ 选择"数据"→"计算"命令,单击"π""*""r""^""2""*""h",修改其标签为"V"。

(2) 制作圆柱的下底面。

① 选中画点工具,在适当位置单击,得到圆心 O,再选中 r,选择"构造"→"以圆心和半径绘圆"命令。

② 选中画直线工具,通过圆心 O 绘制一条水平直线,选中直线和圆周,选择"构造"→"交点"命令,得到交点 A,B。

③ 依次选中 A,B 和圆周,选择"构造"→"圆上的弧"命令,再选择"构造"→"弧上的点"命令,得到上半个圆弧上的一点 C。选中点 C 和直线 l,选择"构造"→"垂线"命令,在垂线与 l 相交处单击得到交点 D。

④ 双击点 D,选中点 C,选择"变换"→"缩放"命令,按照参数 $t=0.3$,缩放得到点 C',同时选中点 C,C',选择"构造"→"轨迹"命令,得到上半个椭圆,右击,修改其线型为虚线。

⑤ 类似第(3)步,依次选中点 B,A 和圆周,选择"构造"→"圆上的弧"命令,再选择"构造"→"弧上的点"命令,得到下半个圆弧上的一点 E,然后构造下半个椭圆,如图 2-56 所示。

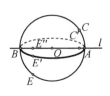

图 2-56

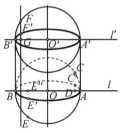

图 2-57

(3) 制作圆柱的上底面,成图。

① 如图 2-57 所示,选中点 O 和 $h=5.00$ 厘米,选择"构造"→"以圆心和半径绘圆"命令,与过点 O 垂直于 l 的直线交于点 O'。

② 过点 O' 画一条水平直线 l',依次选中点 O' 和半径 r,选择"构造"→"以圆心和半径绘圆"命令,再选择"构造"→"圆上的点"命令,得到点 F,选中点 F 和 l',选择"构造"→"垂线"命令,在垂线与 l' 相交处单击得到交点 G。

③ 双击点 G,选中点 F,选择"变换"→"缩放"命令,按照参数 $t=0.3$,缩放得到点 F',同时选中点 F,F',选择"构造"→"轨迹"命令。

④ 选中轨迹和直线 l',选择"构造"→"交点"命令,得到交点 A',B',连结线段 AA',BB'。

⑤ 隐藏不必要的点和线,得到图 2-55。

◆ 课件总结

(1) 本课件是辅助探究当圆柱的侧面积一定时,体积随底面半径变化的规律,它改编于许冬云老师的论文《两种圆柱体的体积一样大吗》。学生可以动手操作,对一张长方形纸片进行适当剪裁,然后用它作为圆柱的侧面,测量其体积的变化规律。

(2) 图 2-55 形象地展示了圆柱的体积随长方形纸片一边长变化的规律,借助 (b,V) 对应的函数图象显示,极大地调动了学生思考问题的积极性。

(3) 通过体验绘制圆柱下底面的过程,体会如何绘制一个由虚、实线组成的椭圆。这种方法在绘制圆柱、圆台时经常使用。

(4) 如果围成的圆柱的表面积一定,那么体积随底面半径变化的规律又是怎样的?

2.2.14 长方体侧面展开

◆ 运行效果

图 2-58 为一个长、宽、高分别是 5 厘米、4 厘米、3 厘米的长方体。单击"展开右面"按钮,则长方体的右面展开;单击"合拢右面"按钮,则右面合拢。类似地,单击"展开上面"和"合拢上面"按钮,则实现展开上面和合拢上面的动画;类似地,单击按钮"展开前面"和"合拢前面"按钮,可实现相应效果。单击图 2-59 中的"依次展开"按钮,则先展开上面,然后再展开右面;单击"依次合拢"按钮,则先合拢右面,再合拢上面。

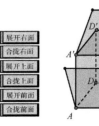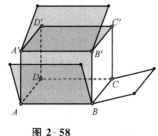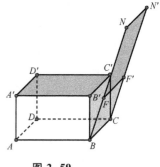

图 2-58　　　　　　　　　　　　　　图 2-59

◇ **技术指南**

（1）圆弧的构造。

（2）椭圆弧的构造。

（3）移动命令的使用。

（4）斜二测画法原理的应用。

◇ **制作步骤**

（1）展开右面。

① 构造长方体 $ABCD\text{-}A'B'C'D'$。选择画点工具，在绘图区的适当位置绘制点 A，选择"变换"→"平移"命令，按照"极坐标"方式，以固定距离为"5 厘米"、固定角度为"0°"平移得到点 B。类似地，选中点 A，按照"极坐标"方式，以固定距离为"3 厘米"、固定角度为"90°"平移得到点 A'；按照"极坐标"方式，以固定距离为"2 厘米"、固定角度为"45°"平移得到点 D。先后选中点 A,B，选择"变换"→"标记向量"命令，选中点 A'，选择"变换"→"平移"命令，按标记的向量平移得到点 B'。先后选中点 A,D，选择"变换"→"标记向量"命令，选中点 A',B'，B，选择"变换"→"平移"命令，按标记的向量平移得到点 D',C',C。构造线段 $AB,BB',A'B',AA',A'D',D'C',C'B',CC',BC$，并设置线型为"粗线"。构造线段 AD,DC,DD'，并设置其线型为"虚线""细线"，如图 2-60 所示。

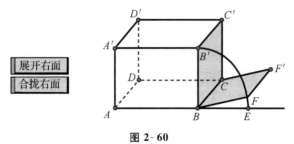

图 2-60

② 构造射线 AB，以 B 为圆心、B' 为圆上一点构造圆 B，记圆 B 与射线 AB

的交点为 E,依次选中点 E,B',圆 B,选择"构造"→"圆上的弧"命令得到劣弧 $\overparen{EB'}$,隐藏圆 B,选中劣弧 $\overparen{EB'}$,选择"构造"→"弧上的点"命令,得到该劣弧上一点 F,连结 BF,标记向量 $\overrightarrow{BC}$,把点 F 按标记的向量平移至点 F',连结线段 FF',$F'C$,构造四边形 $BFF'C$ 的内部,隐藏圆弧 $\overparen{EB'}$。

③ 依次选中点 F,E,选择"编辑"→"操作类按钮"→"移动"命令,得到由点 F 到点 E 的移动动画,把标签改为"展开右面"。类似地,构造点 F 到点 B' 的移动动画,把标签改为"合拢右面"。

说明:为了美观,可以把点 F,F' 的标签分别改为 B',C',调整标签位置,则合拢右面时两个标签合二为一。

(2) 展开上面。

① 如图 2-61 所示,构造射线 AA',双击点 A',选中点 D',把点 D' 旋转 $45°$ 得到点 D'',再选择"变换"→"缩放"命令,按照固定比为 "$\frac{2}{1}$"(即 2 倍)缩放得到点 D''',隐藏点 D''。以点 A' 为圆心、点 D''' 为圆上一点构造圆 A',圆 A' 与 $C'D'$ 交于点 G,过点 G 作射线 AA' 的垂线,垂足记为 G',隐藏射线,依次选择点 G,D''',圆 A',构造劣弧 $\overparen{GD'''}$,在其上任取一点 J,过点 J 作射线 AA' 的垂线,垂足记为 J',隐藏射线 AA'。

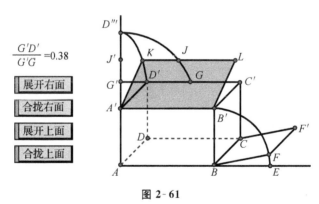

图 2-61

② 依次选中点 G',G,D',选择"度量"→"比"命令,得到比值 $\frac{G'D'}{G'G}$,选择"变换"→"标记比"命令,标记该比值,以 J' 为中心,把点 J 按标记的比值缩放得到点 K,构造平行四边形 $B'A'KL$,并填充内部区域。同时选中点 J,K,选择"构造"→"轨迹"命令,得到一段椭圆弧,表示点 D' 在展开上面过程中的轨迹。

③ 构造点 J 到点 G 的移动动画,把标签改为"合拢上面",构造点 J 到点 D''' 的移动动画,把标签改为"展开上面",隐藏圆弧和椭圆弧,隐藏点 G',G,J',

77

J, L。

(3) 展开前面。

① 如图 2-62 所示,构造射线 DA,依次选中点 A, A',选择"构造"→"以圆心和圆周上的点绘圆"命令,得到⊙A,单击⊙A 与射线 DA 交点处得到交点 M。以点 A 为中心、$\frac{1}{2}$ 为缩放比缩放点 M,得到点 M'。构造射线 $A'A$,过点 M' 作射线 $A'A$ 的垂线,垂足为点 N,构造直线 $M'N$,它与⊙A 交于点 P。依次选择点 A, A', P,选择"构造"→"圆上的弧"命令,得到劣弧 $\overset{\frown}{A'P}$,在弧 $\overset{\frown}{A'P}$ 上任取一点 R,过 R 作射线 $A'A$ 的垂线,垂足为点 Q。

② 依次选择点 N, P, M',度量比值 $\frac{NM'}{NP}$,标记该比值,把点 R 以点 Q 为中心,按标记的比值缩放得到点 R',同时选中点 R, R',构造轨迹得到一椭圆弧。

③ 构造平行四边形 $BAR'B''$,创建点 $R→P$ 的移动动画,标签改为"展开前面",创建点 $R→A'$ 的移动动画,标签改为"合拢前面",隐藏一些不必要的图形。

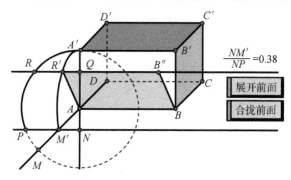

图 2-62

(4) 上面和右面联合展开。

① 先制作展开右面的动画,方法同步骤(1)。

② 以劣弧 $\overset{\frown}{B'E}$ 上的点 F 为中心,把点 B 顺时针旋转 90°至点 B'',作射线 FB'' 交以点 F 为圆心、$A'B'$ 为半径的圆于点 M,把点 M 以点 F 为中心按顺时针旋转 90°至点 M',先后选择点 M', M 及圆周,构造圆上的劣弧 $\overset{\frown}{M'M}$,在弧 $\overset{\frown}{M'M}$ 上任取一点 N,构造平行四边形 $FF'N'N$。

③ 构造点 $N→M$ 的移动按钮,标签改为"合拢上面",构造点 $N→M'$ 的移动按钮,标签改为"展开上面"。依次选中"展开上面""展开右面"按钮,选择"编辑"→"操作类按钮"→"系列"命令,选择"依序执行",修改标签为"依次展开"。依次选中"合拢右面""合拢上面"按钮,选择"编辑"→"操作类按钮"→"系列"命令,选择"依序执行",修改标签为"依次合拢"。

④ 隐藏点 E,B'',M,M',射线 AB,EM,两段圆弧,得到图 2-63。

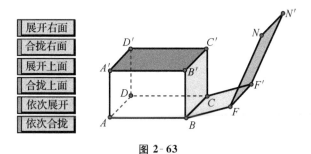

图 2-63

◆ 课件总结

(1) 在构造椭圆轨迹时用到一个基础知识:如图 2-64 所示,圆压缩为椭圆时,圆上每个点 B 的压缩比 $\dfrac{B'A}{BA}$ 一样。这在展开上面和展开前面的制作过程中非常重要,希望读者能仔细体会步骤(2)②和步骤(3)②。

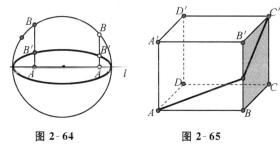

图 2-64   **图 2-65**

(2) 在构造圆弧上一点时,一种常见的情况是发现点不是在劣弧上运动,而是在整个圆周上运动,这是因为选择圆弧时没有选择正确。如下操作可以防止出现这种现象:一种方法是先隐藏圆周,再选中圆弧,然后选择"构造"→"圆弧上的点"命令;另一种方法是当选中圆弧时,发现是整个圆周,再次单击鼠标,则变为选中劣弧。

(3) 在展开前面的制作过程中,经常会出现 Q 点只在线段 $A'A$ 上移动,说明在构造交点时出现错误。为避免这种情况出现,在构造直线 RQ 与射线 $A'A$ 的交点时,最好先选中它们(依次单击即可),然后选择"构造"→"交点"命令。

(4) 在立体几何教学中,经常会遇到将几何体的表面展开。如图 2-65 所示,一只蚂蚁从长方体(长、宽、高分别为 5,4,3)的顶点 A 沿表面爬到顶点 C',求它爬行的最短距离。请设计相应的展开动画。

◆ 拓展练习

1. 试用构造平行线的方法绘制一个平行四边形。

2. 构造如图所示的长方形。
3. 构造如图所示的图形。

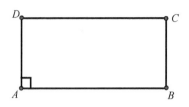

第 2 题图

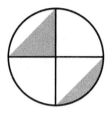

第 3 题图

4. 构造一个如图所示的长方体。

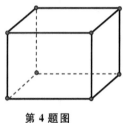

第 4 题图

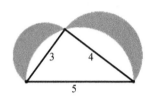

第 5 题图

5. 构造如图所示的图形,并求阴影部分的面积。
6. 构造如图所示的图形。

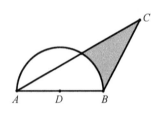

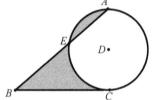

第 6 题图

7. 构造如图所示的图形。

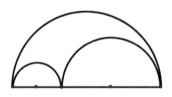

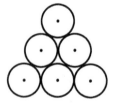

第 7 题图

8. 构造底面可以微调的正方体的直观图。
9. 构造两圆的内公切线。

10. 构造如图所示的三角形和梯形的面积公式。

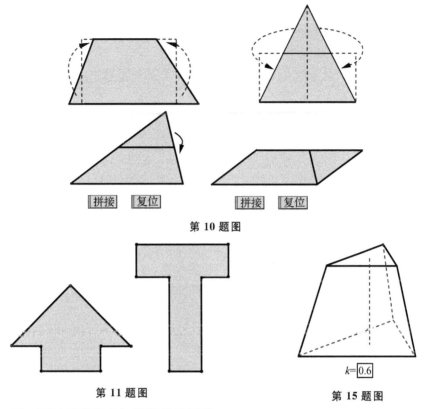

第 10 题图

第 11 题图

第 15 题图

11. 用四巧板拼成如图所示的图形。

12. 尝试制作七巧板拼图。

13. 制作一个验证正弦定理的构图。

14. 制作圆柱、圆锥和圆台的形成动画。

15. 参考如图所示的图形,制作正三棱柱、锥和台相互转化的动画。（提示：关键在于底面的制作）

16. 绘制一个五角星图案。

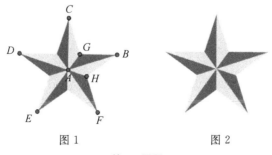

图 1   图 2

第 16 题图

17. 制作函数图象 $y=\sin x \to y=\sin(x+\varphi) \to y=\sin(\omega x+\varphi) \to y=A\sin(\omega x+\varphi)$ 的综合变换过程。

18. 构造平面内到定点和定直线的距离之积、和、差为定值的点的轨迹。

19. 构造过正方体棱上三点 P,Q,R 的截面。

20. 构造图 2-65 的三种不同侧面展开图,并求出最短距离。

渐入佳境篇

本篇主要基于对几何画板的工具箱和菜单栏已经比较熟悉,对用几何画板进行构图设计比较了解的基础之上,结合几何画板的精髓——工具、迭代和函数进行技术开发指导。

几何画板中的工具是其又一亮点,它能够减少许多重复劳动,在几何画板中创建工具后,保存在适当的文件夹中就可以重复利用;借助迭代能构造许多精美的图案,能对极限教学有新的认识;多样化的函数极大地扩充了几何画板的计算能力,能处理许多较为复杂的公式。

第3章 工 具

3.1 正方体

◇ 运行效果

如图 3-1 所示,选中点 B,可以改变正方体的棱长。选中"自定义工具",按住鼠标 3 秒后,显示图 3-2,"√"选的表示当前可以使用的工具,即此时正方体工具可以使用。把鼠标移至绘图区,会发现有一个点粘在鼠标头部,在绘图区适当位置单击鼠标,然后移动鼠标到右侧的适当位置单击(移动过程中会发现一个正方休随着鼠标的移动棱长在发生变化),则 个新的正方体绘制完成。

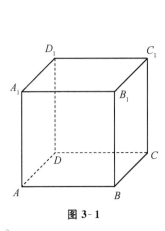

图 3-1

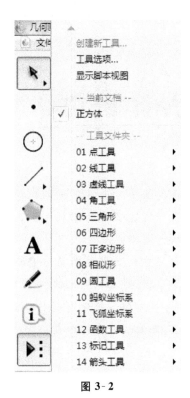

图 3-2

◇ **技术指南**

(1) 自定义工具的使用。

(2) "变换"菜单下的旋转、平移、缩放功能的综合运用。

◇ **制作步骤**

(1) 绘制正方体。

① 选中画线段工具,在绘图区的适当位置画线段 AB。

② 双击点 A,选中点 B,选择"变换"→"旋转"命令,按固定角度"45°"旋转得到点 B',再选择"变换"→"缩放"命令,按固定的比例"$\frac{1}{2}$"缩放得到点 D。

③ 依次选中点 A,D,选择"变换"→"标记向量"命令,选中点 B,选择"变换"→"平移"命令,得到点 C。

④ 构造线段 BC,CD,DA。

⑤ 选中点 B,选择"变换"→"旋转"命令,按固定角度"90°"旋转得到点 A_1。

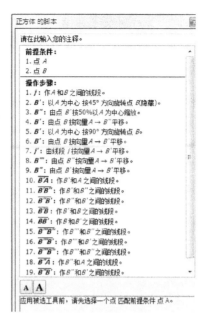

图 3-3   图 3-4

⑥ 依次选中点 A,A_1，选择"变换"→"标记向量"命令，选中点 B,C,D 和线段 AB,BC,CD,DA，选择"变换"→"平移"命令，得到点 B_1,C_1,D_1 和线段 $A_1B_1,B_1C_1,C_1D_1,D_1A_1$。

⑦ 构造线段 AA_1,BB_1,CC_1,DD_1。

⑧ 选中线段 AD,DC,DD_1，选择"显示"→"线型"命令中的"中等"和"点线"。

⑨ 选中点 B'，选择"显示"→"隐藏点"命令。

(2) 创建新工具"正方体"。

① 按住【Ctrl】+【A】，选中绘图区中的全部图形，选中"自定义工具"(按住 3 秒)，选择"创建新工具"(图 3-2 中最上方的选项)，弹出如图 3-3 所示的"新建工具"对话框，修改工具名称为"正方体"。另有是否"显示脚本视图"选项，如果"√"已选，那么表示显示如图 3-4 所示的"正方体的脚本"框。单击"确定"按钮，则"正方体"工具制作完成。

② 把鼠标移至"自定义工具"(按住 3 秒)，此时默认是"正方体"工具，用鼠标在绘图区的适当位置单击两下，则一个新的正方体绘制完成。

◆ 课件总结

(1) 在"正方体的脚本"框中，有两个主要部分"前提条件"和"操作步骤"。前提条件指出要完成正方体的绘制，只要给定两个点即可，其他点都可由它们经过一系列的变换而得到。

(2) 用工具绘制出的正方体，顶点的标签不符合我们的需要。如果希望用工具绘制出的正方体其标签如图 3-1 所示,该怎么设置呢?可以在点 D 处右击,弹出如图 3-5 所示的对话框,在"标签"选项卡中,选中"在自定义工具中使用标签"复选框。

图 3-5

(3) 值得注意的是,前提条件中的两点不能如(2)中所述设置,原因是在"正方体的脚本"框中,双击前提条件中的第一行"1. 点 A",会弹出如图 3-6 所示的对话框,在"标签"选项卡中勾选"自动匹配画板中的对象"复选框,类似双击第二行"2. 点 B",在"标签"选项卡中勾选"自动匹配画板中的对象"复选框(此时,脚本中的"前提条件"改为"假设"),则在几何画板的新页面内如果已经绘制好两点 A,B,那么在"自定义工具"处单击一下,绘图区自动绘制出正方体 $ABCD$-$A_1B_1C_1D_1$。

(4) 删除"正方体"工具。如果对"正方体"工具不满意,可以对它进行删除。具体操作是选中"自定义工具"(按住 3 秒),选中"工具选项"命令,弹出如图 3-7所示的对话框,单击"删除工具"按钮即可。

图 3-6

图 3-7

(5) 有时,需要研究他人的课件是如何制作的,可以把课件制作成工具,然后根据脚本中的前提条件绘制好相应的点。在本例中，可以先绘制两点 A,B，在绘图区依次单击点 A,B，则在"正方体的脚本"框下方会多出一行应用："下一步骤"和"所有步骤"两个按钮。单击"下一步骤"按钮，逐步根据提示操作，就能还原课件制作人的原创思路。

（6）把本文档存放在默认的工具文件夹，则在下次启动几何画板后就可以使用正方体工具。默认工具夹路径 C:\Program Files\Sketchpad5\Tool folder。

3.2 箭头工具解读

 运行效果

选中"自定义工具"（按住 3 秒），选择"箭头工具"中的"箭头 A"，在绘图区的适当位置单击两次，得到如图 3-8(a)所示的箭头。

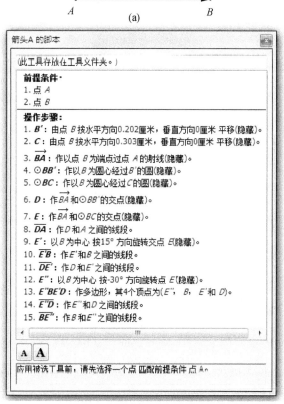

(b)

图 3-8

◇ **技术指南**

适当更改脚本中的点的标签为还原制作过程服务。

◇ **制作步骤**

(1) 调整工具中点的标签。

① 选中"自定义工具"(按住 3 秒),选择"箭头工具"中的"箭头 A"。

② 选中"自定义工具"(按住 3 秒),选择"显示脚本视图",弹出如图 3-9 所示的"箭头 A 的脚本"对话框。

③ 在"前提条件"中发现点的名称为 DA,CZ,对于解读源文件不太简洁,可以在"1. 点 DA"上右击,单击"属性",在弹出的对话框中修改标签为"A"。类似地,修改点 CZ 的标签为"B",则在"操作步骤"中会随之发生变化,如图 3-8(b)所示。

④ 在"操作步骤"中,会发现第 1 步和第 2 步中点的名称都为 B',可以在第 2 步处右击,修改属性中的标签为"C",则下面相应的元素(点或圆或射线等)标签随之变化。类似地,修改第 6 步中点的标签为"D",第 7 步中点的标签为"E",则调整后的标签如图 3-8(b)所示。

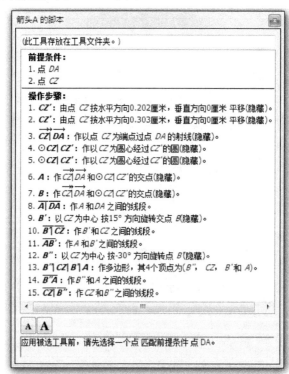

图 3-9

(2) 使用"下一步骤"按钮逐步还原源文件。

① 选中画点工具,在绘图区的适当位置单击,得到点 A,再移动鼠标到另一处,单击,得到另一点 B。

② 先后选中点 A,B,则"箭头 A 的脚本"对话框如图 3-10 所示。单击下方的"下一步骤"按钮,逐步显示画图过程。在画图的过程中,可以添加点的标签,方便分析脚本。图 3-11 为运行到第 8 步结束后的图形。

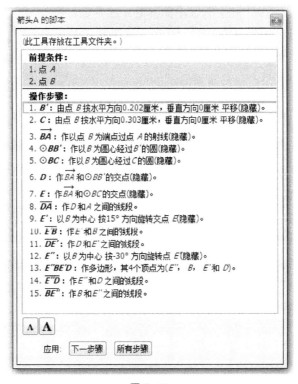

图 3-10

图 3-11

❖ 课件总结

(1) 由于用几何画板开发的文件源代码是公开的,所以使用脚本来解读他人的作品,会体会到诸多开发的技巧,这需要读者不断深入体会。

(2) 本例提供了绘制箭头的一种方法,从操作步骤的第 1、2、9 步可以发现箭头不会随着线段 AB 的长度变化而变化。

3.3 比较两数大小

◇ **运行效果**

如图 3-12 所示,单击绘图区中的参数 a 或参数 b 修改它们的值,则 $\max\{a,b\}$,$\min\{a,b\}$ 的值自动调整。若选中"自定义工具"中的"比较两数大小"工具,用鼠标依次单击参数"$a=**$""$b=**$",则自动显示 $\max\{a,b\}$,$\min\{a,b\}$ 的值。

$a=\boxed{6}$
$b=\boxed{-4}$
$\max\{a,b\}=6$
$\min\{a,b\}=-4$

图 3-12

◇ **技术指南**

(1) 参数的应用。

(2) 符号函数的使用。

◇ **制作步骤**

(1) 选择"数据"→"新建参数"命令,新建参数 $a=6$;继续选择"数据"→"新建参数"命令,新建参数 $b=-4$。

(2) 选择"数据"→"计算"命令,单击计算面板中"函数"选项中的"sgn""(""1""+""sgn""a""−""b",得到 $\text{sgn}(1+\text{sgn}(a-b))$ 的值,修改其标签为"k"。

(3) 选择"数据"→"计算"命令,单击"$k=**$""*""a""(""1""−""$k=**$",鼠标移至")"右边,单击"*""b",计算 $ka+(1-k)*b$ 的值,修改其标签为"$\max\{a,b\}$"。

(4) 选择"数据"→"计算"命令,单击"(""1""−""$k=**$",鼠标移至")"右边,单击"*""a""+""k""*""b",计算 $(1-k)a+kb$ 的值,修改其标签为"$\min\{a,b\}$"。

(5) 选中"$k=**$",选择"显示"→"隐藏度量值"命令。

(6) 按住【Ctrl】+【A】,全选,单击"自定义工具",选择"创建新工具",将名称改为"比较两数大小"。

◇ **课件总结**

(1) 符号函数 $\text{sgn}(x)$ 的含义是 $\text{sgn}(x)=\begin{cases} 1, & x>0, \\ 0, & x=0, \\ -1, & x<0. \end{cases}$ 所以当 $a>b$ 时,$k=1$,从而较大值当然为 a,较小值当然为 b。类似地,分析 $a=b$,$a<b$ 的情形。

(2) 表达式 1+sgn(a-b)经常使用,当 a≥b 时,其值为正;当 a<b 时,其值为零。符号函数 sgn(x)的更多应用参阅第 5 章函数部分。

(3) "比较两数大小"工具的使用。新建一个页面,同时新建两个参数"a=**""b=**",单击"自定义工具"(约 3 秒),选择"比较两数大小"工具,依次选中参数"a=**""b=**",则自动显示 max{a,b},min{a,b}的值。

3.4 正方体侧面展开

◆ 运行效果

如图 3-13 所示,单击"合拢"按钮,则逐步呈现合拢过程,图 3-14 为左侧面、后面、右侧面已经合拢,上面和前面还没有合拢的状态图。

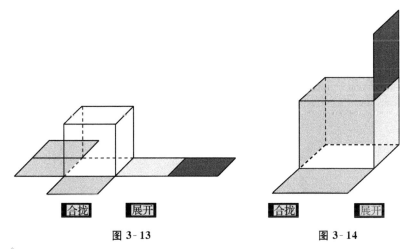

图 3-13   图 3-14

◆ 技术指南

(1) 点的旋转的坐标实现。
(2) "变换"菜单下的平移、缩放等命令的使用。
(3) 标记向量功能的使用。
(4) "自定义工具"的使用。

◆ 制作步骤

(1) 创建展开与折叠的自定义工具。

① 选中画点工具,在绘图区的适当位置单击,得到一点 O,再选择"变换"→"平移"命令,按照"极坐标"方式,以固定距离为"1 厘米"、固定角度为"0°",平移得到点 O′;选中点 O,选择"变换"→"平移"命令,以固定距离为"1 厘米"、固定

角度为"90°",平移得到点 O''。依次选取点 O, O', O'',选择"构造"→"圆上的弧"命令,再选择"构造"→"弧上的点"命令,得到弧上任意一点 S。依次选中点 S, O',选择"编辑"→"操作类按钮"→"移动"命令,修改其标签为"合拢"。依次选中点 S, O',选择"编辑"→"操作类按钮"→"移动"命令,修改其标签为"展开",右击"合拢"按钮,把其"标签"属性改为"在自定义工具中使用标签"。用同样的方法设置"展开"按钮的标签属性。

② 如图 3-15 所示,在画板的适当位置绘制四个点 C, D, E, F,其中 C, D, F 确定一个固定平面,D, E, F 确定一个转动平面,DF 为两个平面的棱。

③ 依次选中点 O', O, S,选择"度量"→"角度"命令,得到 $\angle O'OS$ 的值,选择"数据"→"计算"命令,单击"函数"的"sin",单击"$\angle O'OS = **$",得到 $\sin\angle O'OS$ 的值。类似地,得到 $-\sin\angle O'OS, \cos\angle O'OS$ 的值。

④ 双击点 D,把点 C 按"$-\sin\angle O'OS$"的比缩放得到点 C',把点 E 按"$\cos\angle O'OS$"的比缩放得到点 E',把点 E' 按向量 $\overrightarrow{DC'}$ 平移得到点 D',把点 C 按"$\cos\angle O'OS$"的比缩放得到点 C'_1,把点 E 按"$\sin\angle O'OS$"的比缩放得到点 E'_1,把点 E'_1 按向量 $\overrightarrow{DC'_1}$ 平移得到点 C''_1,把点 D' 按向量 $\overrightarrow{DC''_1}$ 平移得到点 D''。构造线段 $DF, FF', F'D', D'D$。

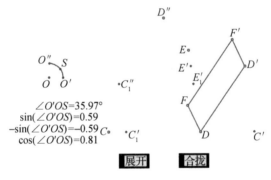

图 3-15

⑤ 选中绘图区除点 $O, C, D, E, F, D', D'', F'$,线段 $DF, FF', F'D', D'D$ 和"合拢""展开"按钮外的部分,隐藏。具体方法是:按住【Ctrl】+【A】,全选,然后单击点 $O, C, D, E, F, D', D'', F'$,线段 $DF, FF', F'D', D'D$ 和"合拢""展开"按钮,选择"显示"→"隐藏对象"命令。按住【Ctrl】+【A】,选择"自定义工具"→"创建新工具"命令,创建新工具"旋转 90°",勾选"显示脚本示图",在"旋转 90°的脚本窗口"中双击"前提条件"中的"1. 点 O",勾选标签属性中的"自动匹配画板中的对象",单击"确定"按钮,则点 O 转变为假设。

(2)制作正方体侧面展开图。

① 画一个正方体。新建一个画板文件,选中"自定义工具"中的"正方体"命令。在绘图区的适当位置单击两下,得到一个正方体 $ABCD-A_1B_1C_1D_1$。

② 如图 3-13 所示,展开前面。在绘图区的右上角绘制点 O,选中"自定义工具"中的"旋转 $90°$"命令,则产生两个按钮"合拢"和"展开",然后依次单击点 C,B,B_1,A,如图 3-16 所示,选中点 A,B,B_{11},A_{11},选择"构造"→"四边形内部"命令,右击,在颜色属性中选择"粉红色"。修改两个按钮名称分别为"合拢前面"和"展开前面",选中点 A_{11},B_{11},C_{11},选择"显示"→"隐藏对象"命令。

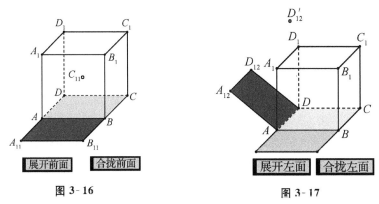

图 3-16　　　　　　　　　图 3-17

③ 如图 3-13 所示,展开左面。选中"自定义工具"中的"旋转 $90°$"命令,则产生两个"合拢"和"展开"按钮,然后依次单击点 C,D,D_1,A,如图 3-17 所示,选中点 A,D,D_{12},A_{12},选择"构造"→"四边形内部"命令,右击,在颜色属性中选择"红色"。修改两个按钮名称分别为"合拢左面"和"展开左面"。注意,产生的点 D'_{12} 即为展开后面服务。

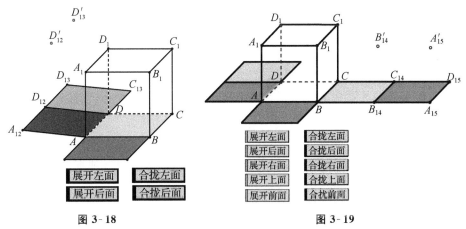

图 3-18　　　　　　　　　图 3-19

④ 如图 3-13 所示,展开后面。选中"自定义工具"中的"旋转 $90°$"命令,则产生两个按钮"合拢"和"展开",然后依次单击点 A_{12},D_{12},D'_{12},D,如图 3-18 所

示,选中点 $D_{12}, D_{13}, C_{13}, D$,选择"构造"→"四边形内部"命令,右击,在颜色属性中选择"绿色"。修改两个按钮名称分别为"合拢后面"和"展开后面",选中点 $A_{12}, D_{12}, D'_{12}, D_{13}, C_{13}, D'_{13}$,选择"显示"→"隐藏对象"命令。

⑤ 如图 3-13 所示,展开右面。选中"自定义工具"中的"旋转 90°"命令,则产生两个按钮"合拢"和"展开",然后依次单击点 A, B, B_1, C,如图 3-19 所示,选中点 B, C, C_{14}, B_{14},选择"构造"→"四边形内部"命令,右击,在颜色属性中选择"橙色"。修改两个按钮名称分别为"合拢右面"和"展开右面"。注意,产生的点 B'_{14} 即为展开上面服务。

⑥ 如图 3-13 所示,展开上面。选中"自定义工具"中的"旋转 90°"命令,则产生两个按钮"合拢"和"展开",然后依次单击点 $B, B_{14}, B'_{14}, C_{14}$,如图 3-19 所示,选中点 $B_{14}, C_{14}, D_{15}, A_{15}$,选择"构造"→"四边形内部"命令,右击,在颜色属性中选择"蓝色"。修改两个按钮名称分别为"合拢上面"和"展开上面",选中点 $B_{14}, C_{14}, D_{15}, A_{15}, B'_{14}, A'_{15}$,选择"显示"→"隐藏对象"命令。

⑦ 制作"展开"和"合拢"按钮。依次选中"展开前面""展开后面""展开左面""展开上面""展开右面"按钮,选择"编辑"→"操作类按钮"→"系列"命令,选择"依序执行",得到"展开"按钮。依次选中"合拢前面""合拢左面""合拢后面""合拢右面""合拢上面"按钮,选择"编辑"→"操作类按钮"→"系列"命令,选择"依序执行",得到"合拢"按钮。

✧ **课件总结**

(1)在展开侧面的过程中,用到一个点绕原点逆时针旋转公式:
$$\begin{bmatrix} x' \\ y' \end{bmatrix} = \begin{bmatrix} \cos\theta & -\sin\theta \\ \sin\theta & \cos\theta \end{bmatrix} \begin{bmatrix} x_0 \\ y_0 \end{bmatrix}。$$

另外,$DD' \perp D'D''$,请读者自行验证。

(2)在制作步骤中,两个关键点非常重要,即 D'_{12}, B'_{14},仔细体会它们的作用,它们对应于"旋转 90°"命令中的点 D',主要实现如图 3-14 所示的左面与后面和右面与上面的组合展开或组合合拢功能。

(3)四边形内部填充颜色,选择"不透明",默认的为"50%"。为了观察方便,可以把所有点全部隐藏。

下面再举一种展开的情况,如图 3-20 所示,帮助读者更好地理解工具的使用,其他展开方式见本章练习,请读者自行练习。

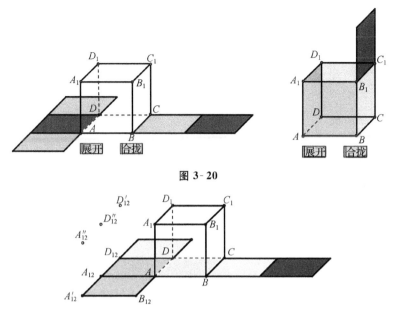

图 3-20

图 3-21

◇ 操作步骤

（1）展开左面、后面、右面和上面的方法同上。

（2）展开前面的方法如下：在展开左面的基础上，把点 D'_{12} 按照向量 $\overrightarrow{D_{12}A_{12}}$ 平移得到点 D''_{12}，然后选中"自定义工具"中的"旋转 90°"命令，依次单击点 D_{12}，A_{12}，D''_{12}，A，修改按钮名称为"展开前面"和"合拢前面"。

（3）调整最后系列按钮中的顺序。依次选择"展开后面""展开前面""展开左面""展开上面""展开右面"按钮，选择"编辑"→"操作类按钮"→"系列"命令，选择"依次执行"，得到"展开"按钮。依次选择按钮"合拢左面""合拢前面""合拢后面""合拢右面""合拢上面"按钮，选择"编辑"→"操作类按钮"→"系列"命令，选择"依次执行"，得到"合拢"按钮。

（4）正方体有 11 种展开图，如图 3-22 所示：

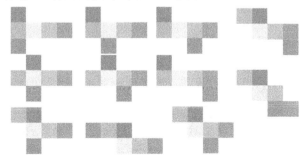

图 3-22

思考：为什么正方体只有11种展开图？

3.5 判断三角形三个顶点排列顺序工具

◆ 运行效果

如图 3-23 所示，当 △ABC 的三个顶点 A,B,C 逆时针排列时，对应的 V_{ABC} 的值为 1；当拖动顶点 B 改变三个顶点 A,B,C 按顺时针排列时，对应的 V_{ABC} 的值为 -1。

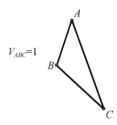
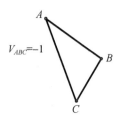

图 3-23

◆ 技术指南

(1) 三阶行列式的运用。

(2) "在画板中使用标签"命令的运用。

◆ 制作步骤

(1) 选中画点工具，在绘图区的适当位置绘制三个点 A,B,C，连结线段 AB,BC,CA 构成 △ABC。

(2) 依次选中 A,B,C 三点，选择"度量"→"横坐标"命令，再次选中 A,B,C 三点，选择"度量"→"纵坐标"命令，分别得到对应的横坐标和纵坐标。

(3) 选择"数据"→"计算"命令，计算表达式 $(x_A y_B - x_B y_A) + (x_B y_C - x_C y_B) + (x_C y_A - x_A y_C)$ 的值，即行列式 $\begin{vmatrix} 1 & x_A & y_A \\ 1 & x_B & y_B \\ 1 & x_C & y_C \end{vmatrix}$ 的值，修改标签为"s"。（s 的值可能为正数，也可能为负数）

(4) 计算"sgn(s)"的值，取值为 1 或 -1。

(5) 选择"编辑"→"全选"命令，然后依次单击点"A""B""C""sgn(s)=**"，同时按【Ctrl】+【H】，隐藏不必要的部分。然后选中点"A""B""C""sgn(s)=**"，选择"自定义工具"中的"创建新工具"命令，创建"三角形三个顶点顺序判断"工具，勾选"显示脚本视图"复选框，单击"确定"按钮，弹出"三角形三个顶点顺序判断脚本"对话框,在第 8 行右击,出现"属性"对话框,在"标签"文本框中输入"=V[{2}{3}{4}]"(注意:"="号应该为英文状态下的等号),同时勾选"在画板中使用标签"复选框,如图 3-24 所示。这样做的目的是当用此工具确定"三角形三个顶点顺序"时,顶点的标签会做相应改变。单击"确定"按钮,完成"三角形三个顶点顺序判断"工具的制作。

图 3-24

(6) 选中画线段工具,在绘图区绘制一个 $\triangle DEF$,选择"自定义工具"中的"三角形三个顶点顺序判断"命令,依次单击点 D,E,F,然后单击"脚本工具"中的"所有步骤"命令,则自动显示 $V_{DEF}=1$ 或 $V_{DEF}=-1$。

◇ 课件总结

(1) 第(5)步中标签栏中输入的表达式为"=V[{2}{3}{4}]",为什么下标中的数字从 2 开始?这是因为在脚本中,第一个标签应该是假设下的坐标系标签。读者可以尝试一下。

(2) 因为我们只要判断三角形三个顶点的排列顺序,所以只取表达式值的符号。这在绘制立体图形旋转过程中棱的虚实变化中有重要应用。

3.6 底面内接于圆的"虚实转化"的四棱锥旋转直观图

◇ 运行效果

如图 3-25 所示,单击"动画点"按钮,则四棱锥在旋转,并且棱的虚实在自动改变。更改参数的值,则底面内接于圆的四棱锥形状发生改变。如果把三个角度都修改为 90°,角的参数也修改为 90°,则得到的是正四棱锥的旋转直观图。

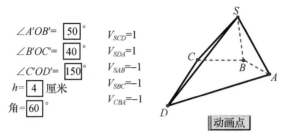

图 3-25

◆ 技术指南

(1)"变换"菜单的综合运用。

(2)"自定义工具"→"创建新工具"命令的使用。

(3)"自定义工具"→"新工具"命令的使用。

(4)水平放置的平面图形的直观图的斜二测画法。

(5)"编辑"→"操作类对象"→"动画"命令的使用。

◆ 制作步骤

(1)新建工具"点的斜二测画法"。

画水平放置的平面图形的直观图的关键是画点的斜二测画法,步骤如下:

① 新建画板,选择"文件"→"文档选项"命令,修改页面名称为"点的斜二测画法",单击"确定"按钮。

② 在绘图区的适当位置画两点 A,B,构造直线 AB,在 AB 外画任意一点 C,过点 C 作 $CD \perp AB$,设垂足为点 D。

③ 把点 D 标记为中心,将点 C 绕点 D 旋转 $-45°$ 得点 E,把点 E 关于中心 D 按 $\frac{1}{2}$ 的缩放比缩放得到点 F,如图 3-26 所示。

④ 隐藏点 D,E,直线 AB 和垂线 CD,依次选中点 A,B,C,F,创建名为"点的斜二测画法"的自定义工具。

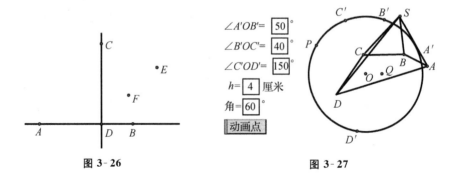

图 3-26　　　　　　　　　　图 3-27

(2) 绘制四棱锥。

① 选择"绘图"→"定义坐标系"命令,新建直角坐标系,右击鼠标,选择"隐藏网格",选中坐标轴,选择"显示"→"隐藏轴"命令。记 O 为坐标系的原点的标签,Q 为横轴上的单位点的标签,以原点为圆心画一个圆,P 为圆的半径大小的控制点,在圆 O 上任意取一点 A',选择"编辑"→"操作类对象"→"动画"命令,单击"确定"按钮,构造点 A' 在圆 O 上运动的"动画点"按钮。

② 新建三个角度参数 $\angle A'OB'=50°$,$\angle B'OC'=40°$,$\angle C'OD'=150°$。双击点 O,选中点 A',选择"变换"→"旋转"命令,单击"$\angle A'OB'-**$"得到点 B'。选择"变换"→"旋转"命令,单击"$\angle B'OC'$"得到点 C',再选择"变换"→"旋转"命令,单击"$\angle C'OD'$"得到点 D'。

③ 选择"自定义工具"中的"点的斜二测画法"命令,依次选中点 O,Q,A',则得到对应的点 A;依次选中点 O,Q,B',则得到对应的点 B;依次选中点 O,Q,C',则得到对应的点 C;依次选中点 O,Q,D',则得到对应的点 D。顺次连结线段 AB,BC,CD,DA 得到四棱锥底面的直观图。

④ 新建参数"$h=4.00$ 厘米""角$=60°$",把点 O 按照极坐标方式以标记距离"h"和标记角度"角"平移,得到点 S,如图 3-27 所示。

⑤ 连结线段 SA,SB,SC,SD,则得到四棱锥 S-$ABCD$。选中圆周和点 O,Q,A',B',C',D',P,选择"显示"→"隐藏对象"命令。

(3) 面的可见性。

上述第(2)步得到的棱锥的棱在旋转过程中虚实不会改变,不符合立体图形的直观图作法,下面将实现旋转过程中棱的虚实转化。先观察图 3-28,发现当该棱所在的两个面都可见或两个面中一个可见、另一个不可见时,相应的棱是实线;当该棱所在的两个面均不可见时,相应的棱是虚线。如图 3-28 所示,棱 SB 所在的面 SCB 和面 SAB 均不可见,所以此时棱 SB 为虚线;棱 SC 所在的两个面,其中面 SCB 不可见,面 SCD 可见,则此时棱 SC 为实线。图 3-28 旋转一定角度后,变为图 3-29,此时棱 SB 所在的面 SCB 和面 SAB 均可见,所以此时棱 SB 为实线。

面的可见性可以借助该面上三点的排列顺序来实现,结合 3.5 节,若一个面可见,则逆时针选取这个面上的三个点;若一个面不可见,则顺时针选取这个面上的三个点。如图 3-28 所示,依次选取点 S,D,A,借助工具"三角形三个顶点的排列顺序"得到 $V_{SDA}=1$;依次选取点 S,A,B,借助工具"三角形三个顶点的排列顺序"得到 $V_{SAB}=-1$。

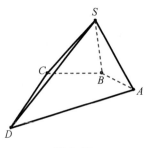

图 3-28

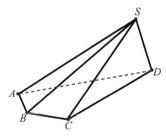

图 3-29

打开 3.5 节的几何画板文件,选择"自定义工具"中的"三角形三个顶点的排列顺序"命令,仿照上述描述,得到其他三个面对应的值 $V_{SCD}=1, V_{SBC}=-1, V_{CBA}=-1$。

(4) 创建新工具"修饰棱"。

① 新建参数 $V_1=1, V_2=1$。

② 构造两点 E, F 以及"隐藏点 F"按钮。

③ 计算 $\sqrt{-\text{sgn}(V_1+V_2+1)}$ 的值(=未定义)。

④ 计算 $\sqrt{\text{sgn}(V_1+V_2+1)}$ 的值(=1)。

⑤ 以点 E 为缩放中心,按"$\sqrt{\text{sgn}(V_1+V_2+1)}$"的比缩放点 F,单击"隐藏点 F"按钮,得到点 F',用细线连结线段 EF',隐藏点 F',单击"显示点 F"按钮。

⑥ 修改参数 V_1, V_2 的值使它们都等于 -1,此时 $\sqrt{-\text{sgn}(V_1+V_2+1)}=1$,单击"显示点 F"按钮。以点 E 为缩放中心,按"$\sqrt{-\text{sgn}(V_1+V_2+1)}$"的比缩放点 F,单击"隐藏点 F"按钮,得到点 F'',用虚线连结线段 EF'',隐藏点 F'',单击"显示点 F"按钮。

⑦ 选中如图 3-30 所示的对象,选择"自定义工具"中的"创建新工具"命令,出现如图 3-31 所示的对话框,单击"是"按钮,把新工具的名称改为"修饰棱",单击"确定"按钮,则完成"修饰棱"工具的创建。

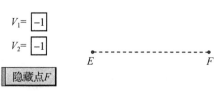

图 3-30

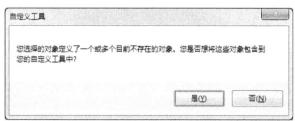

图 3-31

(5) 修饰棱。

选中图 3-28 中的棱 SB，按【Delete】键删除该棱，选择"自定义工具"中的"修饰棱"工具，依次单击"S""B""$V_{SAB}=-1$""$V_{SBC}=-1$"，则棱 SB 已能自动改变虚实。类似地，删除棱 SC，然后选择"自定义工具"中的"修饰棱"命令，依次单击"S""C""$V_{SCD}=1$""$V_{SBC}=-1$"，则棱 SC 也已能自动改变虚实。对其余的每条棱执行类似操作。

◇ 课件总结

(1) 新建参数时在参数名称中输入"{angle}$A'OB'$"，显示为"$\angle A'OB'$"，注意是在英文状态下输入。

(2) "修饰棱"工具创建时，弹出如图 3-31 所示的对话框，原因是不管是画实线还是画虚线时，点 F' 或 F'' 有一个不存在。

(3) 应用"修饰棱"工具时，先选择的是要修饰的棱的两个端点，然后是其所在两个面的可见性对应的值。

(4) 当调整了参数时，面的可见性可能会发生改变，最后画出草图后，按照面的可见性和修饰棱重新修饰每一条棱。

(5) 把点 A,B,C,D 按照向量 $\overrightarrow{OS}$ 平移得到点 A_1,B_1,C_1,D_1，则可以得到四棱柱 $ABCD\text{-}A_1B_1C_1D_1$。类似地，调整相应的棱，则得到底面内接于圆的斜四棱柱。请读者自行练习。

3.7　椭圆工具

◇ 运行效果

如图 3-32 所示，选择"自定义工具"中的"椭圆"命令，在适当位置单击，确定椭圆中心，向右方移动鼠标在适当位置单击，确定长轴的一个端点，则一个椭圆绘制完成，并且显示其短轴的一个端点和两个焦点。

◇ 技术指南

(1) 创建新工具的方法。

(2) 运用新工具绘图。

(3) 标签属性的修改。

◇ 制作步骤

(1) 制作"椭圆"工具。

① 如图 3-33 所示，选中画点工具，在绘图区的适当位置绘制两点 O,A，依

次选中点 O,A,选择"构造"→"以圆心和圆上一点绘圆"命令,得到$⊙c_1$。

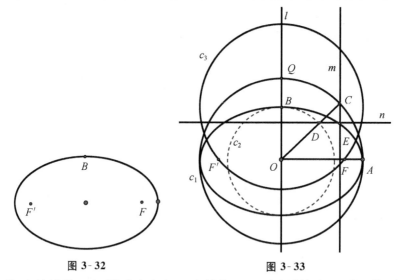

图 3-32　　　　　　　图 3-33

② 连结线段 OA,同时选中点 O 和线段 OA,选择"构造"→"垂线"命令,得到垂线 l。

③ 单击直线 l 和$⊙c_1$的交点处,得到点 Q,连结线段 OQ。

④ 在线段 OQ 上任意构造一点 B,以 O 为圆心、B 为圆上一点构造$⊙c_2$,右击点 B,选择"属性",修改标签属性为"显示标签"。

⑤ 在$⊙c_1$上任取一点 C,选中点 C 和线段 OA,选择"构造"→"垂线"命令得到直线 m。

⑥ 构造线段 OC,交$⊙c_2$于点 D,选中点 D 和直线 l,选择"构造"→"垂线"命令得到直线 n。

⑦ 同时选中直线 m,n,选择"构造"→"交点"命令,得到交点 E。

⑧ 同时选中点 C,E,选择"构造"→"轨迹"命令,得到椭圆。

⑨ 同时选中点 B 和线段 OA,选择"构造"→"以圆心和半径绘圆"命令,得到$⊙c_3$,单击$⊙c_3$和线段 OA 的交点处,得到交点 F。

⑩ 双击直线 l,选中点 F,选择"变换"→"反射"命令,得到点 F'。右击点 F,F',修改其标签属性为"显示标签"。

⑪ 按【Ctrl】+【A】,然后单击点 O,A,B,F,F' 和椭圆,按【Ctrl】+【H】,隐藏不必要的对象。

⑫ 同时选中点 O,A,B,F,F' 和椭圆,选择"自定义工具"中的"创建新工具"命令,修改工具名称为"椭圆"。

(2) 运用"椭圆"工具。

选择"文件"→"文档选项"命令,增加"空白页面",选中"自定义工具"中的"椭圆"命令,在绘图区的适当位置单击两下,得到一个如图 3-32 所示的椭圆。拖动点 B 可以改变椭圆的短轴的长。

◆ 课件总结

(1) 在图 3-33 中,以 O 为坐标原点、$\overrightarrow{OA}$ 的方向为 x 轴的正方向建立如图 3-34 所示的直角坐标系。不妨记 $OA=a$,$OB=b$,$\angle AOC=\theta$,则点 C 的坐标为 $(a\cos\theta, a\sin\theta)$,点 D 的坐标为 $(b\cos\theta, b\sin\theta)$,从而点 E 的坐标为 $(a\cos\theta, b\sin\theta)$,即点 E 的坐标满足关系式 $\begin{cases} x=a\cos\theta \\ y=b\sin\theta \end{cases}$,从而有 $\dfrac{x^2}{a^2}+\dfrac{y^2}{b^2}=1$,所以点 E 的轨迹为椭圆。

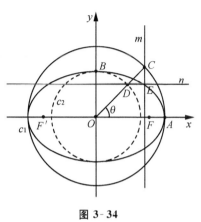

图 3-34

(2) 由于 $OF=\sqrt{BF^2-OB^2}=\sqrt{a^2-b^2}$,所以 F 为椭圆的一个焦点,显然,点 F' 为椭圆的另一个焦点。

(3) 在点 B,F,F' 的标签属性中勾选"显示标签",则由工具产生相应点时,自动显示该点的标签仍然为 B,F,F'。

3.8 三阶行列式计算工具

◆ 运行效果

调整图 3-35 中任何一个参数值,则对应的行列式展开式的值相应地变化。

$a_{11}=\boxed{2}$ $a_{12}=\boxed{3}$ $a_{13}=\boxed{4}$

$a_{21}=\boxed{3}$ $a_{22}=\boxed{4}$ $a_{23}=\boxed{5}$ $\Delta=2$

$a_{31}=\boxed{6}$ $a_{32}=\boxed{5}$ $a_{33}=\boxed{2}$

图 3-35

◆ 技术指南

(1) 三阶行列式的展开式。

$$\begin{vmatrix} a_{11} & a_{12} & a_{13} \\ a_{21} & a_{22} & a_{23} \\ a_{31} & a_{32} & a_{33} \end{vmatrix} = a_{11}a_{22}a_{33}+a_{12}a_{23}a_{31}+a_{13}a_{32}a_{21}-a_{13}a_{22}a_{31}-a_{12}a_{21}a_{33}-a_{11}a_{23}a_{32}。$$

(2) 参数功能的使用。

◇ **制作步骤**

(1) 选择"数据"→"新建参数"命令,新建 9 个参数 $a_{11},a_{12},a_{13},a_{21},a_{22},a_{23},a_{31},a_{32},a_{33}$,并赋予适当的值。

(2) 选择"数据"→"计算"命令,调用计算器计算算式:

$$a_{11}a_{22}a_{33}+a_{12}a_{23}a_{31}+a_{13}a_{32}a_{21}-a_{13}a_{22}a_{31}-a_{12}a_{21}a_{33}-a_{11}a_{23}a_{32}。$$

修改标签名称为"Δ"(在标签中输入"{Delta}"即可)。

(3) 依次选中 9 个参数 $a_{11},a_{12},a_{13},a_{21},a_{22},a_{23},a_{31},a_{32},a_{33}$ 和算式,选择"自定义工具"中的"创建新工具"命令,修改其标签为"计算三阶行列式的值"。

◇ **课件总结**

(1) 用"计算三阶行列式的值"工具可以求解三元一次方程组
$$\begin{cases} a_{11}x+a_{12}y+a_{13}z=b_1 \\ a_{21}x+a_{22}y+a_{23}z=b_2 \\ a_{31}x+a_{32}y+a_{33}z=b_3 \end{cases}$$
,由高等代数的基础知识,得 $x=\dfrac{\Delta_x}{\Delta},y=\dfrac{\Delta_y}{\Delta},z=\dfrac{\Delta_z}{\Delta}$。其中 $\Delta_x=\begin{vmatrix} b_1 & a_{12} & a_{13} \\ b_2 & a_{22} & a_{23} \\ b_3 & a_{32} & a_{33} \end{vmatrix},\Delta_y=\begin{vmatrix} a_{11} & b_1 & a_{13} \\ a_{21} & b_2 & a_{23} \\ a_{31} & b_3 & a_{33} \end{vmatrix},\Delta_z=\begin{vmatrix} a_{11} & a_{12} & b_1 \\ a_{21} & a_{22} & b_2 \\ a_{31} & a_{32} & b_3 \end{vmatrix}$。从而可以创建求三元一次方程组的解的工具。具体方法如下:

再新建三个参数 b_1,b_2,b_3,选择"自定义工具"中的"计算三阶行列式的值"命令,依次单击 $b_1,a_{12},a_{13},b_2,a_{22},a_{23},b_3,a_{32},a_{33}$ 得到表达式的值,并修改标签为"Δ_x"(在标签中输入"{Delta[x]}"),依次单击 $a_{11},b_1,a_{13},a_{21},b_2,a_{23},a_{31},b_3,a_{33}$ 得到表达式的值,并修改标签为"Δ_y"(在标签中输入"{Delta[y]}")。类似地,依次单击 $a_{11},a_{12},b_1,a_{21},a_{22},b_2,a_{31},a_{32},b_3$ 得到表达式的值,并修改标签为"Δ_z"(在标签中输入"{Delta[z]}")。再调用计算器,分别计算 $\dfrac{\Delta_x}{\Delta},\dfrac{\Delta_y}{\Delta},\dfrac{\Delta_z}{\Delta}$,把标签相应地改为"$x$""$y$""$z$",从而求得方程组的解。

(2) 依次选中参数 $a_{11},a_{12},a_{13},b_1,a_{21},a_{22},a_{23},b_2,a_{31},a_{32},a_{33},b_3$ 和 x,y,z,创建一个新工具"求解三元一次方程组"。

3.9 绘制过三点的抛物线

◇ **运行效果**

拖动图 3-36 中点 A,B,C 中的任意一点,抛物线仍然过这三点。

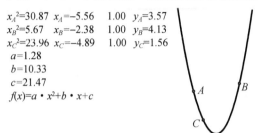

图 3-36

◇ **技术指南**

(1) "数据"→"新建函数"命令的使用。

(2) "绘图"→"绘制新函数"命令的使用。

(3) "自定义工具"的使用。

◇ **制作步骤**

(1) 选中画点工具,在绘图区的适当位置单击三次,得到三个点 A,B,C。

(2) 选中这三个点,选择"度量"→"横坐标"命令,得到 x_A,x_B,x_C,然后调用计算器,分别计算 x_A^2,x_B^2,x_C^2 的值。

(3) 选中这三个点,选择"度量"→"纵坐标"命令,得到 y_A,y_B,y_C。

(4) 选择"数据"→"新建参数"命令,得到参数 $t_1=1.00$,右击,在标签选项中用【Delete】键删除标签名,得到无标签的度量值 1.00,选中后,按【Ctrl】+【C】,【Ctrl】+【V】,【Ctrl】+【V】得到两个无标签的度量值 1.00。

(5) 按照图 3-36 的顺序排列好相应的数据,然后选择"自定义工具"中的"解三元一次方程组"命令,依次单击 $x_A^2,x_A,1.00,y_A,x_B^2,x_B,1.00,y_B,x_C^2,x_C,1.00,y_C$,得到三个参数 m_1,m_2,m_3 的值,标签分别改为"a""b""c"。

(6) 选择"数据"→"新建函数"命令,新建函数 $f(x)=ax^2+bx+c$。

(7) 选择"绘图"→"绘制新函数"命令,单击函数 $f(x)$,得到过三点 A,B,C 的抛物线。

◇ **课件总结**

(1) 这里过三点的抛物线指对称轴平行于坐标轴的抛物线,方程形式为

$y=ax^2+bx+c$,由于过已知三点,所以满足一个三元一次方程组,通过求解方程组,得到三个系数 a,b,c 的值,从而求出抛物线方程中的三个待定系数,再根据新建函数、绘制新函数的方式画出图象。

(2) 本例用代数方法去求解几何问题,这种思想在几何画板中随处可见。从某种意义上讲,几何画板真正沟通了代数与几何之间的联系。图形(点、直线、圆等)可以由坐标或方程的形式呈现,方程(组)的解可以通过图形的形式呈现。

(3) 步骤(4)中制作无标签也可换用如下方法:右击新建的参数,选择"属性",在"数值"选项卡中的"显示"栏选中"无标签"。

3.10 创建工具"画过五点的二次曲线"

◇ 运行效果

选中新工具"画过五点的二次曲线(圆锥曲线)",在新建页面上绘制不共线的五点,则得到一条过这五点的二次曲线,拖动五点中的任意一点,改变位置,可以得到不同形状的二次曲线。

◇ 技术指南

(1) Pascal 定理:内接于一条非退化二次曲线的简单六边形,其三对对边的交点共线。

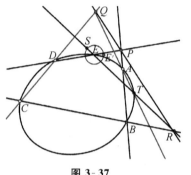

图 3-37

要绘制过任意五点 A,B,C,D,E(其中没有三点共线)的二次曲线,不妨假设二次曲线上还有一点 T,则根据 Pascal 定理,有三点 P,Q,R 共线,其中 P 为直线 DE,BA 的交点,Q 为直线 CD,AT 的交点,R 为直线 ET,CB 的交点,可简记为 $P=DE \cap BA, Q=CD \cap AT, R=ET \cap CB$。

(2) "构造"→"轨迹"命令的使用。

◇ 制作步骤

(1) 用画点工具在绘图区绘制五个点,大概位置如图 3-37 所示,绘制直线 BA,DE,单击它们的交点处,得到点 P。

(2) 选中点 E,按照极坐标方式水平移动 1cm,得到点 E',以点 E 为圆心、E' 为圆周上的点绘制一个圆,在圆上任取一点 S。

(3) 构造直线 SE 交直线 CB 于点 R,构造直线 PR 交直线 CD 于点 Q,构

造直线 QA 交直线 SR 于点 T。

（4）同时选中点 S,T，构造轨迹。

（5）按【Ctrl】+【A】，全选，然后单击点 A,B,C,D,E 和轨迹，按【Ctrl】+【H】，隐藏不必要的对象，再按【Ctrl】+【A】，构造新工具"画过五点的二次曲线"。

◇ 课件总结

（1）本方法是通过纯几何方式来构造的，它提供了构图的一种方法，先大概绘制满足要求的点，看该点有什么重要的几何性质，然后利用该性质构图。这种方法经常使用，请认真体会。

（2）圆上一点 S 与点 T 构成一一对应的关系。

（3）体会此方法与过三点画抛物线的异同。

（4）有关 Pascal 定理的证明可上网查阅。

3.11 创建工具"二次曲线的切线"

◇ 运行效果

拖动图 3-38 中二次曲线上点 P 的位置，切线 PM 也随之发生变化。拖动点 A_1,A_2,A_3,A_4，改变二次曲线的形状，PM 仍然为二次曲线的切线。

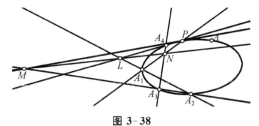

图 3-38

◇ 技术指南

（1）"自定义工具"命令的使用。

（2）Pascal 定理。

◇ 制作步骤

（1）绘制二次曲线。

选中 3.10 节中创建的"画过五点的二次曲线"工具，在绘图区的适当位置单击五次，得到五个点 A_1,A_2,A_3,A_4,A 和一条二次曲线，如图 3-38 所示。选中点 A，隐藏它。

（2）绘制过二次曲线上一点的切线。

① 选中二次曲线，选择"构造"→"轨迹上的点"命令，得到一点 P。

② 构造直线 A_1A_2,PA_4 的交点 L，构造直线 PA_1,A_3A_4 的交点 N，构造直

线 LN。

③ 构造直线 A_2A_3 交直线 LN 于点 M，构造直线 PM，则直线 PM 即为过二次曲线上一点 P 的切线。

◆ 课件总结

（1）二次曲线的切线是圆锥曲线研究的一个重要分支，借助 Pascal 定理构造切线非常方便。

（2）PM 为该二次曲线的切线，简要证明如下：简单六边形 $A_1A_2A_3A_4PP$（P 看成两点重合）内接于二次曲线，则由 Pascal 定理，其三对对边（可以理解为 $A_1A_2 \cap PA_4 = L, A_3A_4 \cap PA_1 = N, PP \cap A_2A_3 = M$）的交点 L, M, N 共线，所以把点 M 看作直线 A_2A_3 与直线 PP 的交点，PM 为该二次曲线的切线。

思考：如果点 P 位于二次曲线的外面，那么如何画过点 P 的二次曲线的切线？

3.12 中国联通 logo

◆ 运行效果

图 3-39 为运行效果图。

图 3-39

图 3-40

◆ 技术指南

（1）根据中国联通 logo 的对称性，只要画出其四分之一的图案，如图 3-40 所示。

（2）"变换"菜单的综合运用。

（3）圆环形区域的填充效果。

◆ 制作步骤

（1）构造轮廓。

① 新建两个参数 $t_1 = 9$ 厘米，$t_2 = 1.5$ 厘米，如图 3-41 所示，在绘图区的适当位置画一点 A，把点 A 按照极坐标方式，以标记距离为 "$\dfrac{t_2}{2}$"、固定角度为

"135°"平移得到点 B,然后把 B 也按极坐标方式,以标记距离为"t_2"、固定角度为"135°"平移得到点 C。类似地,把点 C 平移到点 D,把点 D 平移到点 E,把点 E 平移到点 F,把点 F 平移到点 G,把点 G 按照极坐标方式,以标记距离为"$\frac{t_2}{2}$"、固定角度为"135°"平移得到点 G'。以点 G 为中心,把点 G' 按照逆时针方向旋转 90°得到点 J。

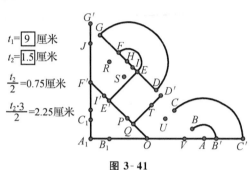

图 3-41

② 以点 A 为中心,把点 B,C 旋转 −135°到 B',C',连结线段 DG,构造其中点 H,先后选中点 H,E,F 构造圆上的弧,先后选中点 H,D,G 构造圆上的弧。

③ 以点 H 为中心、$\frac{1}{2}$ 为缩放比缩放点 E 得到点 I,把点 D 按 $\overrightarrow{HI}$ 平移得到点 D',过点 F 作线段 DG 的垂线交射线 $G'J$ 于点 F',标记向量 $\overrightarrow{FF'}$,把点 I,E,D,D',C 分别平移到点 I',E',P,Q,O。双击点 E',把点 F' 逆时针旋转 90°得到点 C_1。构造射线 $G'J$ 与直线 AB' 的交点 A_1,以 A_1 为中心,把点 C_1 顺时针旋转 90°得到点 B_1。隐藏 FF' 和 DG。

④ 标记向量 $\overrightarrow{GJ}$,把点 F,I,D',C,B 分别平移到点 R,S,T,U,V。

(2) 构造两个工具,画圆环形填充区域。

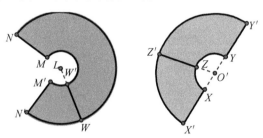

图 3-42

① 如图 3-42 所示,在适当位置画两点 L,M,以点 M 为中心,把点 L 按标记的比"$\frac{-4}{2}$"缩放得到点 N,双击点 L,把点 M,N 按照逆时针方向旋转 90°得到

点 M',N'。依次选中点 L,N',N,构造圆上的弧,在弧上构造一点 W;依次选中点 L,M',M,构造圆上的弧,与线段 LW 交于点 W'。连结线段 WW',同时选中线段 WW' 和点 W,构造轨迹,右击轨迹,把颜色调整为 R:228,G:28,B:28。隐藏除点 L,M 和轨迹的部分,然后选中,选择"新建工具"选项,把名称改为"大圆环"。

② 在适当位置画两点 X,Y,标记向量 $\overrightarrow{XY}$,把点 Y 按照标记的向量平移得到点 Y';标记向量 $\overrightarrow{YX}$,把点 X 按照标记的向量平移得到点 X'。构造线段 XY,并构造其中点 O',依次选中点 O',Y,X,构造圆上的弧。依次选中 O',Y',X',构造圆上的弧,在该弧上构造一点 Z',连结线段 $O'Z'$ 交半小圆弧于点 Z,构造线段 ZZ',同时选中线段 ZZ' 和点 Z',构造轨迹。右击轨迹,把颜色调整为 R:228,G:28,B:28。隐藏除点 X,Y 和轨迹的部分,然后选中,选择"新建工具"选项,把名称改为"半圆环"。

(3) 填充颜色。

① 先后勾选多边形 $JF'I'SRFG,C_1A_1B_1DE,OQTUCBV$ 内部,并选中,再单击 F,E,B,A,然后双击线段 $F'G'$,选择"反射"命令,再选中点 F,E,B,A 和三个内部区域,双击线段 OC',得到图 3-43。选择"画大圆环"工具,用鼠标依次单击 A,B,画出一个填充好颜色的大圆环,用鼠标再依次单击 A'',B'',同样画出一个填充好颜色的大圆环。选中"画半圆环"工具,用鼠标依次单击 F,E,画出一个填充好颜色的半圆环,用鼠标再次单击 F'',E'',画出一个填充好颜色的半圆环。类似地,用鼠标依次单击 F''',E''',F'''',E'''',画出填充好颜色的半圆环。

② 选中点工具,按【Ctrl】+【A】,再按【Ctrl】+【H】,隐藏所有点,选中画线工具,按【Ctrl】+【A】,再按【Ctrl】+【H】,隐藏所有线段,得到图 3-43。

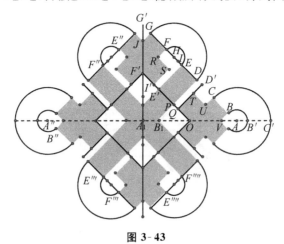

图 3-43

◆ 课件总结

观察一个复杂图形时,要从对称性等角度考虑,尽可能把它拆分成几个简单图形,然后借助工具来简化操作。

拓展练习

1. 尝试解读"自定义工具"中"箭头"命令中的箭头 D 的脚本,然后绘制一个箭头 D。

2. 制作如下图所示的正方体侧面展开动画。

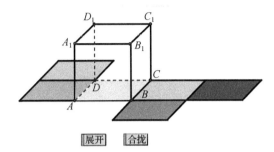

第 2 题图

3. 创建一个已知椭圆的两个焦点和椭圆上一点的画椭圆工具。

4. 创建求二元一次方程组 $\begin{cases} a_{11}x + a_{12}y = b_1, \\ a_{21}x + a_{22}y = b_2 \end{cases}$ 的解的工具。

5. 请利用比较两数大小的工具制作求三个数 a, b, c 中最大值的工具。

6. 绘出下图。

第 6 题图

第 4 章 迭 代

迭代是几何画板中一个很重要的功能,它相当于程序设计的递归算法。通俗地讲,就是用自身的结构来描述自身。例如,阶乘的运算 $n!=n \cdot (n-1)!$。迭代算法书写简单,容易理解。在几何画板中研究迭代需要掌握如下几个重要的概念:

迭代:按一定的迭代规则,从原象到初象的反复映射过程。

原象:产生迭代序列的初始对象,通常称为"种子"。

初象:原象经过一系列变换操作而得到的象。与原象是相对概念。

迭代象:迭代操作产生的象的序列。

迭代深度:指迭代次数。

迭代的终点:迭代象可以改变其颜色和粗细或大小属性,但不能度量其长度(线段)或点的坐标。然而迭代终点是可以被选中,并且可以度量其坐标的。方法是选中迭代象,然后选择"变换"→"终点"命令。

没有参数的迭代与带参数的迭代本质上没有区别。前者在选中迭代象的情况下,按键盘上的【+】(需按住键盘上的【Shift】键)或【-】键可以增加或减少迭代的次数;后者可以直接通过修改参数的值来改变深度,也可以选中后,按键盘上的【+】(需按住键盘上的【Shift】键)或【-】键增加或减少迭代的次数。作为迭代次数的参数(通常用 n 表示)一定要在最后选择。

图 4-1

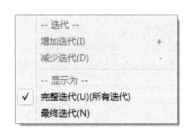

图 4-2

图 4-1 是"迭代"对话框,单击"显示"按钮,弹出如图 4-2 所示的列表框,其

中重要选项是"完整迭代"和"最终迭代";单击"结构"按钮,弹出如图 4-3 所示的列表框。"添加新的映射"在构造迭代中使用得较多。其余的命令稍后介绍。

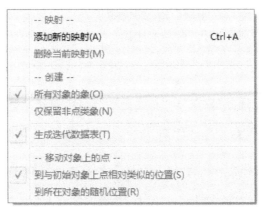

图 4-3

自然界中有许多物体和现象常是它们自身的多次重复,其局部与整体以某种方式相似。例如,任意一棵大树上的一棵小树枝,它的形状与大树本身相似,这称为自相似性。又如,海岸线、浮云的边界、波浪起伏的海面、流体的湍流、刚体内的裂缝、山地轮廓等,被经典几何学称为"病态"的、被当作个别特例的不规则集被普遍地称为分形。但有时这些不光滑曲线或曲面比传统几何图形能更好地描述许多自然现象。1975 年,美国的曼德布罗特(B. Manedlbrot)创立了分形几何学用以描述这类曲线,20 世纪 80 年代中期分形几何学得以迅速发展,而今已成为 21 世纪各个领域中专家和学者所关注的前沿焦点学科之一。

借助几何画板 5.x 中"变换"→"迭代(或带参数的迭代)"命令可以制作一些简单的分形图案。下面结合若干实例,充分理解"变换"菜单下的"迭代"命令(带参数的迭代)功能。

4.1 n 等分一条已知线段

 运行效果

如图 4-4 所示,选中参数"$n=6$",按住键盘上的【+】(或者【-】)键来增加(或者减少)参数的值,则线段 AB 等分的个数随之发生改变。

图 4-4

113

◆ **技术指南**

(1) "数据"→"新建参数"命令的使用。

(2) "变换"→"缩放""平移"命令的使用。

(3) "变换"→"深度迭代"命令的使用。

方法一：

◆ **制作步骤**

(1) 新建画板，选择"数据"→"新建参数"命令，新建参数"$n=6$"，类似地新建参数"$k=1$"，选择"数据"→"计算"命令，分别计算 $k+1, n-k-1, \dfrac{k}{n}$ 的值。

(2) 画线段 AB，双击点 A，把点 B 以 $\dfrac{k}{n}$ 为比值进行缩放得到点 B'。

(3) 选中点 B'，选择"变换"→"平移"命令，按"极坐标"方式，以固定距离为"0.2厘米"、固定角度为"90°"平移得到点 B''，连结线段 $B'B''$，隐藏点 B', B''，如图 4-5 所示。

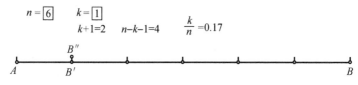

图 4-5

(4) 依次选择度量值 $k=1, n-k-1=4$，按【Shift】键，选择"变换"→"深度迭代"命令，弹出如图 4-6 所示的对话框，单击"$k+1=**$"，单击"迭代"按钮，表示创建了由 $k \to k+1$，迭代次数为 $n-k-1$ 的迭代。

(5) 选中 n，按键盘上的【+】或【-】键改变 n 的值，观察相应图形的变化，如图 4-4 所示。

图 4-6

◆ **课件总结**

(1) "深度迭代"中依次选取的最后一个对象一定要是度量值，一般都为参数（不带单位），也可为其他度量值（带有单位），且要在按【Shift】键的情况下选择"变换"菜单中的"深度迭代"，此时"深度迭代"是黑色可用的命令。

(2) 此迭代法的基本思路是：标记线段 AB 的一个端点 A 为中心，把线段的另一个端点 B 按 $\dfrac{1}{n}$ 缩放，得到第一个 n 等分点，再把点 B 按 $\dfrac{2}{n}$ 缩放得到第二个 n 等分点，依此类推，直到第 $n-1$ 个等分点为止。此法主要用到几何画板中的变量迭代以及图形的对应。

(3) 用键盘输入【+】号时，要按【Shift】键，再按【+】键，后同。

方法二：

❖ **制作步骤**

(1) 新建画板，选择"数据"→"新建参数"命令，新建参数"$n=6$"，选择"数据"→"计算"命令，计算$\dfrac{1}{n}$的值。

(2) 双击点A，选中点B，选择"变换"→"缩放"命令，单击"$\dfrac{1}{n}$"，单击"缩放"得到点B'。

(3) 选中点B'，选择"变换"→"平移"命令，按"极坐标"方式，以固定距离为"0.2厘米"、固定角度为"90°"平移得到点B''，连结线段$B'B''$，隐藏点B'、B''。

(4) 选择"数据"→"计算"命令，计算$n-1$的值，得到图4-7。

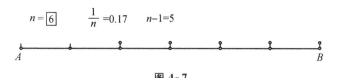

图 4-7

(5) 依次选择"$n=6$""点A""$n-1=**$"，按【Shift】键，选择"变换"→"深度迭代"命令，弹出"迭代"对话框，依次单击"$n-1=5$""点B'"，创建如图4-8所示的迭代。

(6) 选中n，按键盘上的【+】或【-】键改变n的值，观察相应图形的变化。

图 4-8

❖ **课件总结**

(1) 此法的基本思想是：标记线段AB的一个端点A为缩放中心，把线段的另一个端点B按$\dfrac{1}{n}$的比缩放，得到第一个n等分点，再通过构造$n\to n-1$，$A\to B'$的迭代，得到以点B'为缩放中心、$\dfrac{1}{n-1}$（即$\dfrac{1}{5}$）为缩放比进行缩放而得到的第二个n等分点，依此类推。

(2) 有时为了看清迭代过程中参数值的变化，可以在图4-8中单击"结构"按钮，勾选"生成迭代数据表"，如图4-9所示，则会在迭代后生成如图4-10所示的数据表。

图 4-9　　　　　　　　　图 4-10

4.2　圆的内接正多边形

◇ 运行效果

在图 4-11 中,单击参数"$n=8$",按住键盘上的【＋】(或者【－】)键来增加(或者减少)参数的值,则圆的内接正多边形的边数随之改变;双击参数"$R=3$厘米",修改其值,则圆的半径会发生相应改变。

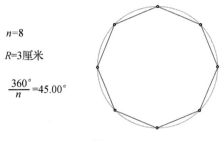

$n=8$

$R=3$厘米

$\dfrac{360°}{n}=45.00°$

图 4-11

◇ 技术指南

(1)"变换"→"深度迭代"命令的使用。

(2)"数据"→"计算"命令的使用。

◇ 制作步骤

(1)新建画板,选择"数据"→"新建参数"命令,新建参数"$n=8$";选择"数据"→"新建参数"命令,如图 1-68 所示,单位选择"距离",新建参数"$R=3$厘米"。

(2)选中画点工具,在绘图区的适当位置单击,绘制点 O,以点 O 为圆心、$R=3$厘米为半径绘制一个 ⊙O,在 ⊙O 上任取一点 A。

(3)选择"数据"→"计算"命令,调出如图 1-69 所示的"新建计算"面板,依次单击面板上的数字"3""6""0",再单击"单位"下的"度",单击"新建计算"面板外的"$n=8$",单击"确定"按钮,得到值$\dfrac{360°}{n}$,选中它,选择"变换"→"标记角度"命令,同时双击点O,选中点A,选择"变换"→"旋转"命令,按标记的角度旋转至点A'。

(4) 选择"数据"→"计算"命令,单击"新建计算"面板外的"$n=8$",再依次单击"新建计算"面板上的"－""1",得到$n-1$的值。

(5) 连结线段AA'。依次选中点"A"和"$n-1=**$",按【Shift】键,选择"变换"→"深度迭代"命令,单击"显示"按钮,选择"完整迭代",将鼠标移到绘图区中点A'(此时点A'高亮显示)处单击,表示把A点对应到A'点,具体如图4-12所示,单击"迭代"按钮。

图 4-12

(6) 选中点A',$\dfrac{360°}{n}$,$n-1$,选择"显示"→"隐藏对象"命令,选中"$n=8$",按键盘上的【＋】或【－】键即可显示相应的迭代效果,图4-11是$n=8$时的情况。

◆ 课件总结

(1) "深度迭代"中一定要把参数放在最后选择,具体可以参见第(5)步。

(2) "显示"中的"完整迭代"和"最终迭代"的区别可以借助下述方法直观理解。如果在第(4)步后添加"连结线段OA",其余步骤都不变,那么若选择"完整迭代",则显示成图4-13;若选择"最终迭代",则显示成图4-14。

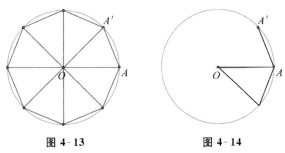

图 4-13　　　　　　　图 4-14

4.3　圆的面积

◆ 运行效果

当把圆平均分成8份时,如图4-15所示,单击"拼接"按钮,最后的动画效果如图4-16所示,单击"复位"按钮,则回到图4-15所示的效果。

若把参数修改为"$n=3$",则表示把圆平均分成 16 份,单击"拼接"按钮,最后的动画效果如图 4-17 所示,单击"复位"按钮,则还原成一个圆。

若继续把参数修改为"$n=7$",则表示把圆平均分成 32 份,单击"拼接"按钮,最后的动画效果如图 4-18 所示,单击"复位"按钮,则还原成一个圆。

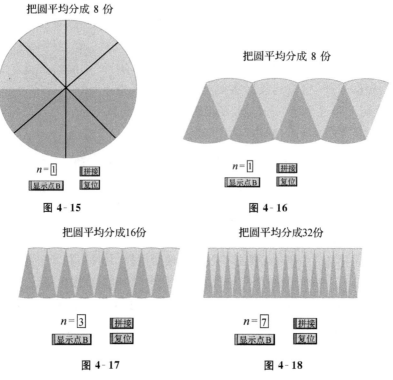

图 4-15　　　　　　　　图 4-16

图 4-17　　　　　　　　图 4-18

◆ **技术指南**

(1) 把圆面进行 8 等分、16 等分、32 等分、…的方法。

(2) 圆的对称性的巧妙利用。

(3) 在将上下两部分进行拼接时,计算水平方向和竖直方向分别移动多少距离的方法。

◆ **制作步骤**

(1) 如图 4-19 所示,新建画板,在绘图区任意构造两点 A,B,度量 AB 的长,把它作为半径 R(点 B 控制圆的半径)。选中点 B,选择"编辑"→"操作类按钮"→"隐藏/显示"命令,则得到一个可以显示或隐藏点 B 的按钮。把点 B 以 A 为中心旋转 $90°$ 得到点 B',连结线段 AB'。

(2) 新建参数"$n=1$",计算"$4(n+1)$",右击修改其属性,将标签改为"等分数",把数值的精确度设为"单位"。

(3) 计算"$\dfrac{360°}{\text{等分数}}$",将标签改为"圆心角";计算"$\dfrac{R\sin\left(\dfrac{\text{圆心角}}{2}\right)}{2}$",将标签改为"水平移动距离";计算"水平移动距离*等分数",将标签改为"水平缩放距离";计算"$R\left(\sin\left(\dfrac{\text{圆心角}}{4}\right)\right)^2+\dfrac{R}{2}$",将标签改为"竖直移动距离"。

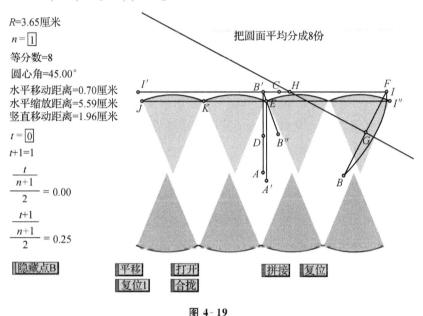

图 4-19

(4) 把点 B' 按"极坐标方式"平移,距离为"水平移动距离",角度为 $0°$,得到点 C;把点 B' 按"极坐标方式"平移,距离为"竖直移动距离",角度为 $270°$,得到点 D;把点 D 按照向量 $\overrightarrow{B'C}$ 平移得到点 B'',在线段 $\overline{B'B''}$ 上任意构造一点 E,依次选中点 E,B'',创建"移动"按钮,命名为"平移",依次选中点 E,B',创建"移动"按钮,命名为"复位1";把点 B' 按"极坐标方式"平移,距离为"水平缩放距离",角度为 $0°$,得到点 F。

(5) 构造线段 BF 的中点 G,过点 G 作线段 BF 的垂线,交线段 $B'F$ 于点 H;依次选中点 H,B,F,构造圆上的弧,构造弧上的点 I,依次选择 I,B,创建"移动"按钮,命名为"合拢";依次选择 I,F,创建"移动"按钮,命名为"打开"。

(6) 新建参数"$t=0$",计算"$t+1$"的值,计算"$\dfrac{t}{\dfrac{n+1}{2}}$""$\dfrac{t+1}{\dfrac{n+1}{2}}$"的值。

(7) 标记向量 $\overrightarrow{B'E}$,把点 I 以 AB' 为对称轴反射得到点 I',依次选择点 I',B',I,得到弧 $\overset{\frown}{I'B'I}$,把 $\overset{\frown}{I'B'I}$ 按标记的向量平移得到新弧。选中新弧,选择"绘

图"→"在弧上绘制点"命令,弹出如图 4-20 所示的对话框,用鼠标单击"$\dfrac{t}{\dfrac{n+1}{2}}$",单击"绘制"按钮,则得到点 J;类似地,选择新弧,选择"绘图"→"在弧上绘制点"命令,在弹出对话框后单击"$\dfrac{t+1}{\dfrac{n+1}{2}}$",单击"绘制"按钮,则得到点 K。分别以点 J,K 为圆心、R 为半径构造圆相交于点 L(取弧下方的交点)。依次选择点 L,K,J,构造圆上的弧,再选择"构造"→"弧内部"→"扇形内部"命令,得到一个阴影扇形 1。

图 4-20

(8) 把线段 AB' 和点 A 按标记的向量平移得到线段 EA',把扇形 1 和劣弧 $\overset{\frown}{JK}$ 以 EA' 反射得到扇形 2 和劣弧 2,选中扇形 1、劣弧 1、扇形 2 和劣弧 2,以点 A 为中心旋转 $180°$。

(9) 先后选择"$t=0$""$n=1$",按住【Shift】键,选择"变换"→"深度迭代"命令,单击"$t+1=1$",选择"结构"中的"不生成迭代数据",单击"迭代"按钮,隐藏不必要的点、线段和弧。

(10) 依次选择"打开""平移"按钮,选择"编辑"→"操作类按钮"→"系列"命令,选择"依序执行",把标签改为"拼接";依次选择"复位 1""合拢"按钮,选择"编辑"→"操作类按钮"→"系列"命令,选择"依序执行",把标签改为"复位",则单击"拼接"按钮即可实现拼接动画过程,单击"复位"按钮,则回到初始状态。

◆ 课件总结

(1) 在制作中第(7)步非常关键,它通过迭代实现圆的等分。在绘制弧上的点 J,K 时,用到了"绘制弧上的点"命令,并且在画弧 $\overset{\frown}{I'B'I}$ 时,选择点的先后顺序决定了弧的起点和终点位置。

(2) 在第(8)步的制作中,充分利用了圆的对称性,其中包括轴对称和中心对称。

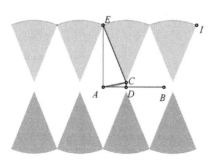
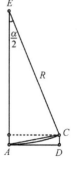

图 4-21

（3）第（3）步中给出了水平和竖直方向移动的距离。其中水平移动的距离为 AD，由于对称性，所以水平移动的距离为 $\dfrac{R\sin\left(\dfrac{圆心角}{2}\right)}{2}$；竖直方向移动的距离为 $R+CD$，而 $CD=AC\sin\angle CAD=AC\sin\dfrac{1}{2}\angle CEA=AC\sin\left(\dfrac{圆心角}{4}\right)=2R\sin\left(\dfrac{圆心角}{4}\right)\sin\left(\dfrac{圆心角}{4}\right)$。同样根据对称性，竖直方向移动的距离为 $R\left(\sin\left(\dfrac{圆心角}{4}\right)\right)^2+\dfrac{R}{2}$，如图 4-21 所示，圆心角记为 α。

（4）本课件的优点在于可以通过改变参数 n 的值，实现统一拼接与复原的过程。另外，在拼接图状态（如图 4-16、图 4-17、图 4-18），可以选中参数 n，按住【Shift】键和键盘上的【+】键，观察到随着分割份数[计算方法是 $4(n+1)$]的不断增加，拼接后得到的图形越来越接近于长方形，其一边长接近于 πR，另一边长接近于 R，从而得到圆的面积公式为 $S=\pi R^2$。这种演示非常直观形象，远比以前单独凭语言表述"随着分割份数越来越多，所得的图形越来越接近长方形"让人记忆深刻。

4.4 分形草

◇ 运行效果

如图 4-22 所示是参数 $n=5$ 时的运行效果，它犹如秋天田野里的一棵小草。

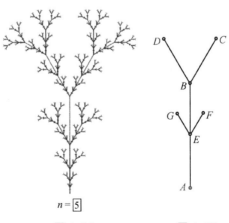

图 4-22　　　　　图 4-23

◈ 技术指南

（1）"变换"菜单下的"平移""旋转""缩放"功能的综合运用。

（2）"变换"→"深度迭代"命令的使用。

（3）增加一列对应点的方法。

◈ 制作步骤

（1）选中画线段工具，如图 4-23 所示，在绘图区的适当位置绘制一条竖直方向的线段 AB，双击点 B，选中点 A，选择"变换"→"旋转"命令，按照固定角度为"150°"旋转得到点 A'；再选择"变换"→"缩放"命令，按照固定比为 $\frac{1}{2}$ 缩放得到点 C；继续选择"变换"→"旋转"命令，按照固定角度为"60°"旋转得到点 D，隐藏点 A'。

（2）选中线段 AB，选择"构造"→"中点"命令，得到点 E。依次选中点 B,E，选择"变换"→"标记向量"命令，选中点 C,D，选择"变换"→"平移"命令，得到点 C',D'。双击点 E，选中点 C',D'，选择"变换"→"缩放"命令，按照固定比为"$\frac{1}{2}$"缩放得到点 F,G。隐藏点 C',D'，构造线段 BC,BD,EF,EG。

（3）选择"数据"→"新建参数"命令，新建参数"$n=3$"。

图 4-24

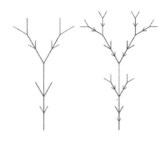
图 4-25　　图 4-26

（4）依次选中点 A,B，参数 $n=3$，按住【Shift】键，选择"变换"→"深度迭代"命令；依次单击点 B,C，同时按【Ctrl】+【A】，增加一列对应点；依次单击点 B,D，再同时按【Ctrl】+【A】，增加一列对应点，依次单击点 A,E，如图 4-24 所示，单击"迭代"按钮。

（5）依次选中点 A,B,C,D,E,F,G，选择"编辑"→"操作类按钮"→"隐藏/显示"命令，得到一个"隐藏"按钮，单击，隐藏点 A,B,C,D,E,F,G。

◈ 课件总结

（1）图 4-23 为一个初始图形，它的构造过程会重复作用于 BC,BD,AE 这三条线段。

（2）如果要解读他人的迭代作品，可以将迭代次数缩小到 2 或 1。图 4-25 为 $n=1$ 时的情况，图 4-26 为 $n=2$ 时的情况，请仔细观察图形，体会"深度迭代"的使用方法。

4.5 谢宾斯基地毯

◆ 运行效果

如图 4-27 所示为 $n=3$ 和 $n=4$ 时对应的谢宾斯基地毯图案。

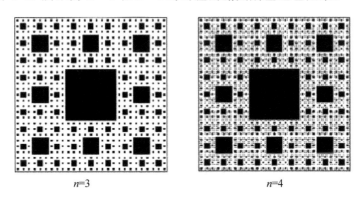

图 4-27

◆ 技术指南

(1) "变换"菜单下各命令的灵活使用。
(2) 带参数的深度迭代的运用。

◆ 制作步骤

(1) 构造一个正方形 $ABCD$。选中画线段工具,画一条水平线段 AB,双击点 A,选中点 B,选择"变换"→"旋转"命令,按固定角度为"90°"旋转得到点 D;双击点 B,选中点 A,选择"变换"→"旋转"命令,按固定角度为"−90°"旋转得到点 C。构造线段 BC,CD,DA。

(2) 构造如图 4-28 所示的图案。双击点 A,选中点 B,D,选择"变换"→"缩放"命令,按照固定比为"$\frac{1}{3}$"缩放得到点 E,G;仍然选中点 B,D,选择"变换"→"缩放"命令,按照固定比为"$\frac{2}{3}$"缩放得到点 F,K。把点 E,F 按照向量 $\overrightarrow{AD}$ 平移得到点 O,P,把点 G,K 按照向量 $\overrightarrow{AB}$ 平移得到点 J,N。构造线段 GJ,KN,EO,FP,构造交点 H,I,M,L。依次选中点 H,I,M,L,选择"构造"→"四边形的内部"命

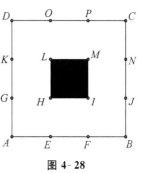

图 4-28

令,修改颜色为黑色。隐藏线段 GJ,KN,EO,FP。

(3) 深度迭代。选择"数据"→"新建参数"命令,新建参数"$n=3$"。依次选中点 A,B,参数 $n=3$,选择"变换"→"深度迭代"命令;依次单击点 A,E,同时按【Ctrl】+【A】,增加一列对应点;依次单击点 G,H,再同时按【Ctrl】+【A】,增加一列对应点。依次单击点 K,L,类似地,再增加五列对应点,分别是 $E,F;L,M;F,B;I,J;M,N$。单击"迭代"按钮。选中画点工具,同时按【Ctrl】+【A】,选中所有点,选择"显示"→"隐藏点"命令,得到图 4-27 中 $n=3$ 的情形。

◆ 课件总结

谢宾斯基地毯是以正方形为基础的,将一个实心正方形划分为 9 个小正方形,去掉中间的小正方形,再对余下的小正方形重复这一操作。基于这种构造过程,建立了上述制作步骤。

4.6 谢宾斯基地毯正方体

◆ 运行效果

图 4-29、图 4-30 分别是 $n=3$ 时的黑白和彩色效果。

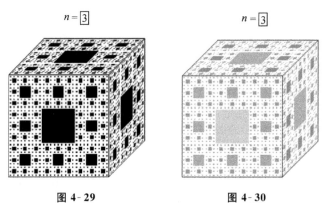

图 4-29　　　　　　　　图 4-30

◆ 技术指南

(1) "自定义工具"的使用。

(2) "深度迭代"命令的使用。

(3) "颜色参数"的运用。

◆ 操作步骤

(1) 构造"谢宾斯基地毯"工具。在绘图区的适当位置绘制三个点 A,B,D,如图 4-31 所示,然后类似 4.5 节中的第(2)步,构造中间的一个平行四边形。

新建参数"$n=3$",依次选中点 A,B,D 和参数 $n=3$,选择"变换"→"深度迭代"命令,依次单击点 A,E,G,同时按【Ctrl】+【A】,增加一列对应点。依次单击点 G,H,K,再同时按【Ctrl】+【A】,增加一列对应点。依次单击点 K,L,D,类似地再增加五列对应点,分别是 $E,F,H;L,M,O;F,B,I;I,J,M;M,N,P$。单击"迭代"按钮,隐藏除 A,B,D 外的所有点。选中图 4-32 所示的图形(包含参数 $n=3$),选择"自定义工具"中的"创建新工具",创建名为"谢宾斯基地毯",并勾选"显示脚本视图",双击 $n=3$ 所在的行,勾选"自动匹配画板中的对象"。

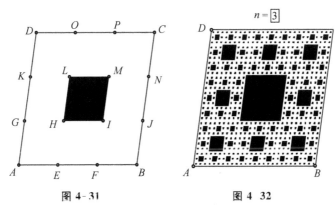

图 4-31   图 4-32

(2)绘制一个正方体。选择"文件"→"文档选项"命令,增加一个空白页面,用第 3 章介绍的"正方体工具"构造一个正方体 $ABCD$-$A'B'C'D'$。

(3)运用工具。新建参数"$n=3$",然后选择"自定义工具"中的"谢宾斯基地毯"工具,依次单击 $A,B,A';B,C,B';A',B',D'$,选中正方体的所有顶点,隐藏,得到图 4-29 所示的图案。

◇ 课件总结

(1)"谢宾斯基地毯"工具中之所以选择 3 个自由点 A,B,D 构造工具,是因为正方体的右面和上面均为平行四边形,而正面是特殊的平行四边形。并注意迭代的对应点每增加一列为 3 个点,这三个点的顺序与 A,B,D 的位置一一对应。

(2)如果想要得到图 4-30 所示的彩色的谢宾斯基地毯正方体,则可以在构造"谢宾斯基地毯"工具时,添加一个增加颜色的步骤:选中平行四边形内部,选择"度量"→"面积"命令,然后同时选中平行四边形内部和其面积,选择"显示"→"颜色"→"参数"命令,弹出如图 4-33 所示的"颜色

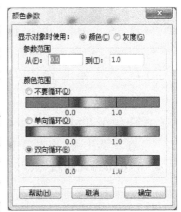

图 4-33

参数"对话框,单击"确定"按钮,则平行四边形的颜色已经与它的面积建立联系。其余步骤不变,就可以得到一个彩色的谢宾斯基地毯正方体,如图 4-30 所示。

4.7 勾股树

◇ 运行效果

如图 4-34 所示,选中"$n=6$",按键盘上的【+】或【-】键来增加或减少迭代次数,单击"动画点"按钮,则勾股树会动起来,并伴有颜色的变化。

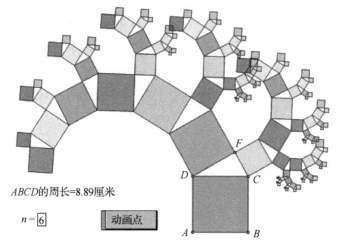

图 4-34

◇ 技术指南

(1)"颜色参数"命令的使用。

(2)"动画"按钮的制作。

(3)"深度迭代"的运用。

◇ 制作步骤

(1) 画正方形 ABCD。画线段 AB,以点 A 为中心,把点 B 旋转 90°得到点 D。以点 B 为中心,把点 A 旋转 -90°得到点 C,构造线段 BC,CD,DA。依次选中点 A,B,C,D,选择"构造"→"四边形内部"命令,选中四边形内部,选择"度量"→"周长"命令,同时选中四边形内部和周长,选择"显示"→"颜色"→"参数"命令,弹出如图 4-33 所示的"颜色参数"对话框,单击"确定"按钮。

(2) 构造"动画"按钮。构造线段 CD 的中点 E,依次选中点 E,C,D,选择

"构造"→"圆上的弧"命令,得到半圆弧。在半圆上任取一点 F,选中点 F,选择"编辑"→"操作类按钮"→"动画"命令,单击"确定"按钮,构造点 F 在半圆弧上的动画,隐藏半圆弧和点 E。

（3）建立"深度迭代"。选择"数据"→"新建参数"命令,新建参数"$n=3$",依次选中点 A,B 和参数 $n=3$,按【Shift】键,选择"变换"→"深度迭代"命令,选择"显示"中的"完整迭代"。依次单击点 D,F,按【Ctrl】+【A】,增加一列对应点；依次单击点 F,C,单击"迭代"按钮；隐藏点 A,B,C,D,E,F,隐藏迭代对象。

◆ **课件总结**

（1）当 $n=1$ 时,对应的是勾股定理的一个示意图。

（2）在"编辑"→"操作类按钮"→"动画"命令中,软件会自动寻找点运动的轨道。本例中点 F 的运行轨道默认是半圆弧。

4.8 ICME 会徽

◆ **运行效果**

图 4-36 是第七届国际数学教育大会（ICME-7）会徽的主体图案,图 4-35 是演化前的图形。

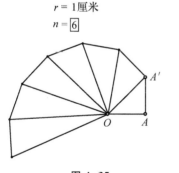

图 4-35

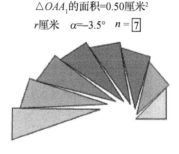

图 4-36

◆ **技术指南**

（1）"绘图"→"定义坐标系"和"绘图"→"自动吸附网格"命令的使用。

（2）"变换"→"深度迭代"命令的使用。

（3）"显示"→"颜色"→"参数"命令的使用。

◆ **制作步骤**

（1）演化前的图形。

① 选择"绘图"→"定义坐标系"命令（新建一标准的平面直角坐标系），选择"绘图"→"自动吸附网格"命令（表示点会自动吸附到格点，也就是横坐标和纵坐标都是整数的点）。

② 选中画点工具，如图 4-37 所示，在绘图区的适当位置画一点 O，然后把鼠标向右移到最靠近它的一个水平格点，如图 4-37 所示，单击鼠标，得到一点 A，这样 OA 的长度就等于 1 厘米。

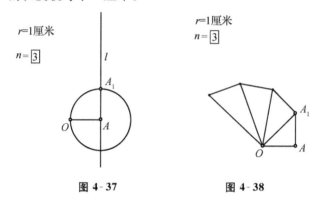

图 4-37　　　　　　　图 4-38

③ 选中点 A 和线段 OA，选择"构造"→"垂线"命令，得到垂线 l。

④ 选择"数据"→"新建参数"命令，新建参数"$r=1$ 厘米"，依次选中点 A 和参数 $r=1$ 厘米，选择"构造"→"以圆心和半径绘圆"命令，记圆周与直线 l 相交的点为 A_1（选上方的交点）。

⑤ 隐藏直线 l 和圆周。在绘图区的空白位置右击，勾选"隐藏网格"。选中两坐标轴，隐藏它们。

⑥ 构造线段 OA,OA_1,AA_1。

⑦ 选择"数据"→"新建参数"命令，新建参数"$n=3$"，依次选中点 A 和参数 $n=3$，选择"变换"→"深度迭代"命令，单击点 A_1，单击"迭代"按钮，得到图 4-38。

⑧ 双击参数"$n=3$"，修改参数值为"6"，即可显示相应迭代效果，如图 4-35 所示。

（2）主体图案。

① 前六步同上。

② 如图 4-39 所示,选中点 O, A_1,选择"构造"→"直线"命令,得到直线 m。

③ 选择"数据"→"新建参数"命令,新建参数"$\alpha=-3.5°$",选中后选择"变换"→"标记角度"命令,双击点 A_1,选中直线 m,选择"变换"→"旋转"命令,按标记的角度旋转得到直线 n。

④ 选中直线 n,选择"构造"→"直线上的点"命令,得到一点 B,调整其位置,如图 4-39 所示。依次选中点 B 和线段 OA_1,选择"构造"→"以圆心和半径绘圆"命令,选中圆周和直线 n,选择"构造"→"交点"命令,得到点 C, D。隐藏直线 m, n,圆周,点 D 和线段 BC,得到图 4-40。

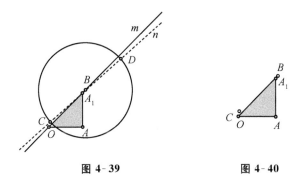

图 4-39　　　　　图 4-40

⑤ 依次选中点 O, A, A_1,选择"构造"→"三角形内部"命令,选择"度量"→"面积"命令,选中三角形内部和其对应的面积,选择"显示"→"颜色"→"参数"命令,单击"确定"按钮(完成三角形内部填充色和面积的关联)。

⑥ 选择"数据"→"新建参数"命令,新建参数"$n=7$",依次选取点 O 和点 A,参数 $n=7$,按【Shift】键,选择"变换"→"深度迭代"命令,选择"显示"中的"完整迭代",在"结构"中勾选"不生成迭代表"。然后依次单击绘图区中的点 C 和点 B,单击"迭代"按钮。

⑦ 如图 4-41 所示,单击一个迭代点生成的象,右击,勾选"隐藏迭代象",隐藏点 O, A, A_1, B, C,得到图 4-36。

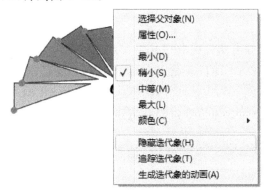

图 4-41

◇ 课件总结

(1)"绘图"→"自动吸附网格"命令在用格(整)点构造图形时非常有用,它可以模拟解决钉子板上的数学问题,帮助学生进行探究学习。

(2)对根号线图形的构造还有一个制作方法,具体步骤如下:

① 如图 4-42 所示,新建参数"$r=1$ 厘米",在画板上任意画一点 O,以 O 为圆心、r 为半径画 $\odot O_1$,在 $\odot O_1$ 上任取一点 A,连结线段 OA,过点 A 作线段 OA 的垂线 l;以点 A 为圆心、r 为半径画 $\odot O_2$,$\odot O_2$ 与垂线 l 相交于点 A_1(在线段 OA 上方的交点);隐藏 $\odot O_1$、$\odot O_2$ 和直线 l,连结线段 OA_1,AA_1。

② 新建参数"$n=3$",选中点 A_1 和参数 $n=3$,同时按【Shift】键,选择"变换"→"深度迭代"命令,出现"迭代"对话框,如图 4-43 所示,单击绘图区的点 A_1,单击"迭代"按钮。

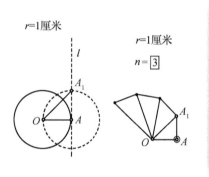

图 4-42 　　　　　　　图 4-43

此方法的好处是可以放缩画出的根号线图形,可直接调整参数 r 的值。

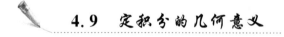

4.9　定积分的几何意义

◇ 运行效果

如图 4-44 所示,单击参数"$n=10$",修改其参数值,则曲边梯形下方的矩形个数随之变化,这些矩形的面积之和(数据表格的最右下角数字,图 4-45 给出的是分割份数的参数 $n=1000$ 对应的表格,面积和为 6.3817 厘米^2)与曲边梯形的面积越来越接近,充分体现了定积分思想。

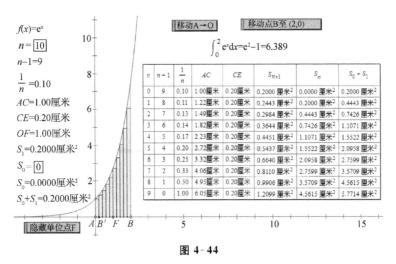

图 4-44

如果双击函数 $f(x)=e^x$ 的表达式,将其调整为 $f(x)=x^2$,类似地可以观察。

点 A,B 可以自由拖动,调整变量的初始区间,两个移动按钮是为了方便观察 $f(x)=e^x$ 在固定区间 $[0,2]$ 上的变化而设置的。

"隐藏单位点 F"按钮用于放大坐标轴的单位长度或缩小单位长度,适当放大单位长度,便于更好地观察细节。

n	$n-1$	$\frac{1}{n}$	AC	CE	S_{n+1}	S_n	S_0+S_1
0	999	0.00	1.00厘米	0.00厘米	0.0020 厘米²	0.0000 厘米²	0.0020 厘米²
1	998	0.00	1.00厘米	0.00厘米	0.0020 厘米²	0.0020 厘米²	0.0040 厘米²
2	997	0.00	1.00厘米	0.00厘米	0.0020 厘米²	0.0040 厘米²	0.0060 厘米²
3	996	0.00	1.01厘米	0.00厘米	0.0020 厘米²	0.0060 厘米²	0.0080 厘米²
4	995	0.00	1.01厘米	0.00厘米	0.0020 厘米²	0.0080 厘米²	0.0100 厘米²
5	994	0.00	1.01厘米	0.00厘米	0.0020 厘米²	0.0100 厘米²	0.0121 厘米²
6	993	0.00	1.01厘米	0.00厘米	0.0020 厘米²	0.0121 厘米²	0.0141 厘米²
7	992	0.00	1.01厘米	0.00厘米	0.0020 厘米²	0.0141 厘米²	0.0161 厘米²
8	991	0.00	1.02厘米	0.00厘米	0.0020 厘米²	0.0161 厘米²	0.0181 厘米²
9	990	0.00	1.02厘米	0.00厘米	0.0020 厘米²	0.0181 厘米²	0.0202 厘米²
10	989	0.00	1.02厘米	0.00厘米	0.0020 厘米²	0.0202 厘米²	0.0222 厘米²
11	988	0.00	1.02厘米	0.00厘米	0.0020 厘米²	0.0222 厘米²	0.0243 厘米²
12	987	0.00	1.02厘米	0.00厘米	0.0020 厘米²	0.0243 厘米²	0.0263 厘米²
13	986	0.00	1.03厘米	0.00厘米	0.0021 厘米²	0.0263 厘米²	0.0284 厘米²
14	985	0.00	1.03厘米	0.00厘米	0.0021 厘米²	0.0284 厘米²	0.0304 厘米²
15	984	0.00	1.03厘米	0.00厘米	0.0021 厘米²	0.0304 厘米²	0.0325 厘米²
16	983	0.00	1.03厘米	0.00厘米	0.0021 厘米²	0.0325 厘米²	0.0346 厘米²
17	982	0.00	1.03厘米	0.00厘米	0.0021 厘米²	0.0346 厘米²	0.0366 厘米²
18	981	0.00	1.04厘米	0.00厘米	0.0021 厘米²	0.0366 厘米²	0.0387 厘米²
...	...	...	...	...	...	...	...
999	0	1.00	7.37厘米	0.00厘米	0.0147 厘米²	6.3679 厘米²	6.3827 厘米²

图 4-45

◆ 技术指南

(1) 坐标轴上单位点的应用。

(2) 多个参数的深度迭代。

(3) 迭代数据表格的运用。

◆ 操作步骤

(1) 构建等分点。

① 选择"绘图"→"绘制新函数"命令,弹出如图 4-46 所示的"新建函数"对话框,单击"数值"按钮,选择常数"e",然后单击面板上的上标符号"^"和"x",得到函数 $f(x) = e^x$ 的图象。

② 在 x 轴上任取两点 A, B(一般点 A 在左侧)。

③ 选择"数据"→"新建参数"命令,新建参数"$n=10$",并计算"$n-1$"和"$\frac{1}{n}$",把点 B 按比值"$\frac{1}{n}$"以点 A 为缩放中心缩放得到点 B'。选中点 A, B' 和 x 轴,选择"构造"→"垂线"命令,与函数 $f(x) = e^x$ 的图象交于两点 C, D,隐藏两条垂线。

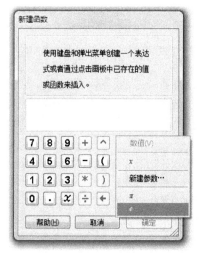

图 4-46　　　　　　　图 4-47

④ 如图 4-47 所示,依次选中点 A, B',选择"变换"→"标记向量"命令,选中点 C,选择"变换"→"平移"命令,按标记的向量平移得到点 E,构造线段 AC,CE,$B'D$。依次选中点 A, C, E, B',选择"构造"→"四边形的内部"命令。度量 AC, CE 的长度,度量原点与单位点 F 之间的距离 d,计算"$\frac{AC \cdot CE}{d^2} \times 1\text{cm} \times 1\text{cm}$",标签改为"$S_1$"。隐藏点 C, D, E。

(2) 创建深度迭代。

① 新建参数"$s_0=0$",计算"$s_0\times 1\text{cm}\times 1\text{cm}$",把值记为"$S_0$",计算"$S_0+S_1$"。

② 依次选中参数"$n=10$""点 A""$s_0=0$""$n-1$",按【Shift】键,利用"变换"→"带参数的迭代"命令,创建 $n\Rightarrow n-1$, $s_0\Rightarrow S_0+S_1$, $A\Rightarrow B'$ 的迭代,完成相应迭代过程。

(3) 对比结果。

① 借助高等数学中的相关软件,如 Maple 或 Mathematics,计算定积分 $\int_0^2 e^x \mathrm{d}x$ 的值。

② 选择"绘图"→"绘制点"命令,绘制点$(2,0)$,标签记为"G",创建两个移动按钮,一个是从点 A 到点 O 的移动按钮,另一个是从点 B 到点 G 的移动按钮。分别单击这两个按钮,观察对应的数据表格。

课件总结

(1) 函数的表达式 $f(x)=e^x$ 可以更改,如改为 $f(x)=x^2$,考察 $\int_0^1 x^2\mathrm{d}x$ 的值。如果直接观察函数图形,会产生一种错觉,认为它的值等于 $\frac{1}{2}$ 减去四分之一单位圆的面积,即 $\frac{1}{2}-\frac{\pi}{4}$。通过演示,我们会发现这个曲边梯形的面积与之不等。从而提醒我们在高等数学学习中也要多观察。

(2) 有时可以通过拖动点来实现参数的改变,具体操作如下:画线段 KJ,在其上任取一点 I,度量比值"$\frac{JI}{JK}$",将标签改为"k"。新建参数"最大值$=50$",计算"最大值^k",截取其整数部分记为"m"(选择计算面板上的"函数""trunc 函数",然后单击"最大值^k"),右击参数"$n=10$",选择"编辑计算"命令,弹出如图 4-48 所示的"编辑参数定义"对话框,按【←】键,删掉原有的值,然后在绘图区单击"$m=**$",拖动点 I,发现参数 m 的值随之变化。

图 4-48

(3) 在第(2)步中嵌入了迭代公式 $s_0\Rightarrow S_0+S_1$,可以实现面积值的累加。因为初值为 $s_0=0$, $S_1=\frac{AC\cdot CE}{d^2}\times 1\text{cm}\times 1\text{cm}$(它是第一个矩形的面积),除以 d^2 的目的是单位化面积,这样若改变单位长度就不会影响面积的相应值,也就是为了观察到图象的局部信息,可以拖动 x 轴上的单位点,进行单位长度的放缩。当然需要注意,拖动单位点后,要单击"移动 B 至$(2,0)$"按钮。

4.10 牛顿法求一元三次方程的近似解

◆ 运行效果

如图 4-49 所示,增加参数 n 的值,发现从 $n=4$ 以后,所有的 $f(x_D)=0.00000$,说明 $x_D=-2.41080$ 是函数的一个近似解。拖动点 A 到曲线与坐标轴相交的另外两个点的附近,会得到另外两个近似解。当然,改变其他四个参数的值,会得到不同的函数的近似解。

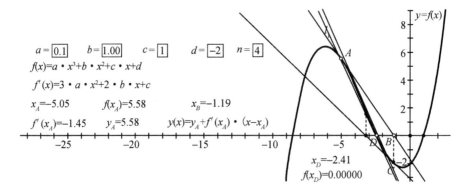

图 4-49

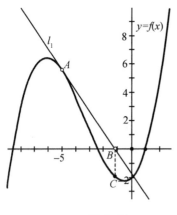

图 4-50

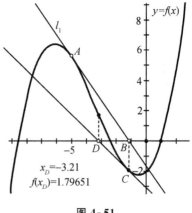

图 4-51

◆ 技术指南

(1) 迭代终点的构造方法。

(2) 牛顿法求根思想。

(3) 导函数功能的使用。

◇ **操作步骤**

(1) 如图 4-49 所示,新建五个参数 a,b,c,d,n,并赋给相应的值。

(2) 选择"绘图"→"绘制新函数"命令,绘制函数 $f(x)=ax^3+bx^2+cx+d$ 的图象。

(3) 选中函数表达式"$f(x)=ax^3+bx^2+cx+d$",选择"数据"→"创建导函数"命令,得到 $f'(x)=3ax^2+2bx+c$。

(4) 选中画点工具,在函数图象的适当位置单击,得到一点 A,选择"度量"→"横坐标"命令,得到 $x_A=**$。

(5) 选择"数据"→"计算"命令,单击函数"$f(x)=ax^3+bx^2+cx+d$",单击"$x_A=**$",得到 $f(x_A)$ 的值。单击函数"$f'(x)=3ax^2+2bx+c$",单击"$x_A=**$",得到 $f'(x_A)$ 的值。

(6) 选中点 A,选择"度量"→"纵坐标"命令,得到 $y_A=**$。选择"绘图"→"绘制新函数"命令,绘制函数 $f(x)=y_A+f'(x_A)(x-x_A)$ 的图象 l_1(l_1 为函数在点 A 处的切线)。记 l_1 与 x 轴的交点为 B,选中点 B 和 x 轴,选择"构造"→"垂线"命令,选中垂线与函数 $f(x)$ 的图象,构造交点 C,隐藏垂线,构造虚线段 BC,如图 4-50 所示,隐藏点 C 的标签。

(7) 依次选中点 A 和参数 n,按【Shift】键,选择"变换"→"深度迭代"命令,单击点 C,创建由点 A 到点 C 的迭代。

(8) 选中迭代点,选择"变换"→"终点"命令,修改其标签为"D",度量其横坐标 x_D,计算 $f(x_D)$,如图 4-51 所示为参数 n 值为 1 的情形。

(9) 增加参数 n 的值,观察值 $f(x_D)$ 的变化。

◇ **课件总结**

(1) 牛顿法的基本思想:要求曲线所对应的方程的根,可以先在曲线上任取一点,然后作该点处的切线,切线与 x 轴有交点,过交点作 x 轴的垂线,垂线与曲线又产生一个交点,过该交点再作曲线的切线,…,重复这样的过程,最后与 x 轴的交点固定不变,那么此时交点的横坐标就是方程的根(近似解)。

(2) 一般迭代的点是不能够度量它们的横、纵坐标,但是我们可以得到迭代的终点,然后就可以度量它的坐标。方法是选中迭代的点,然后选择"变换"→"终点"命令,可以发现最后的那个点变成了实点,这个功能经常在函数映射里用到。

(3) 导函数是几何画板 5.x 版本新增加的功能,方便构造曲线的切线。

4.11 等差数列前 n 项和

◇ 运行效果

如图 4-52 所示,修改参数 x, a_1, d, n 的任意一个值,S_n 的值会发生相应的变化。

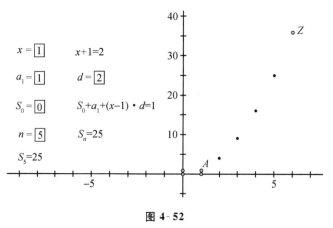

图 4-52

◇ 技术指南

(1) 迭代终点的选择。

(2) 含参数的迭代。

(3) 文本输入框的运用。

◇ 操作步骤

(1) 新建一个画板文件,如图 4-52 所示,新建参数"$x=1$""$a_1=1$""$d=2$""$S_0=0$""$n=5$",计算"$x+1$""$S_0+a_1+(x-1) \cdot d$"的值。

(2) 依次选中"$x=1$""$S_0=0$",选择"绘图"→"绘制点(x, y)"命令,得到点 A。

(3) 依次选中"$x=1$""$S_0=0$""$n=5$",按【Shift】键,选择"变换"→"深度迭代"命令,按住 $x \Rightarrow x+1, S_0 \Rightarrow S_0+a_1+(x-1) \cdot d$ 进行迭代,得到一系列迭代象。选中迭代象,选择"变换"→"终点"命令,记为点 Z,度量其纵坐标,修改标签为"S_n"。

(4) 选中参数"$n=5$",增加或减少其值,观察 S_n 的变化。

◇ 课件总结

(1) 可以通过选中文本工具,在绘图区拖出一个输入框,单击"x_y",出现"?_?",选中大问号位置,输入"S",选中小问号位置,单击"$n=5$",再输入"=",单击"$S_n= **$",将鼠标在文本输入框外面单击。可以发现,当参数 n 的值变化时,下标值也随之发生变化,如图 4-52 所示。

(2)代数问题通过迭代,形象地显示出求和过程,这体现了代数问题几何化的思想。

(3)请构造等比数列前 n 项和的动态演示。

4.12 函数的迭代 Mandelbrot 集

◆ 运行效果

单击图 4-53 中的"动画点"按钮,则慢慢呈现 Mandelbrot 图案。

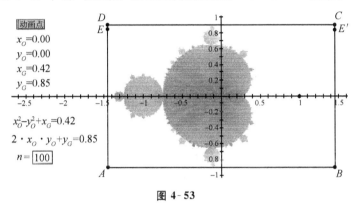

图 4-53

◆ 技术指南

(1)"动画"按钮的制作。

(2)迭代终点的选择。

(3)颜色参数的使用。

(4)含参数的迭代。

◆ 操作步骤

(1)选择"绘图"→"定义坐标系"命令,拖动 x 轴上的单位点,放大单位长度,隐藏网格。如图 4-53 所示,建立一个矩形观察区域,其中点 $A(-1.5, -1)$,点 B,C,D 分别是点 A 关于 y 轴、原点和 x 轴的对称点。

(2)在线段 AD 上任取一点 E,选中点 E,选择"编辑"→"操作类按钮"→"动画"命令,单击"确定"按钮,默认点 E 双向、中速在线段 AD 上运动。

(3)在原点附近构造一点 F,度量其横坐标 x_F 和纵坐标 y_F。

(4)双击 y 轴,选中点 E,选择"变换"→"反射"命令,得到点 E',在线段 EE' 上任取一点 G,度量其横坐标 x_G 和纵坐标 y_G。

(5)计算 $x_F^2 - y_F^2 + x_G, 2x_F \cdot y_F + y_G$,依次选中这两个度量结果,选择"绘

图"→"绘制点(x,y)"命令,得到点 H,如图 4-54 所示。

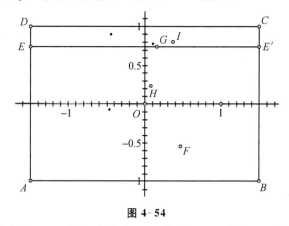

图 4-54

(6) 新建参数"$n=4$",依次选中点 F 和参数 $n=4$,按【Shift】键,选择"变换"→"深度迭代"命令,单击点 H,去掉"结构"中"不生成迭代表格"前的"√"。选中迭代象(可以把点 F 往原点慢慢拖动,发现迭代象都聚在一个小区域),选择"变换"→"终点"命令,修改其标签为"I"。

(7) 度量点 I 的横坐标 x_I 和纵坐标 y_I,计算 $\dfrac{x_I}{y_I}$,依次选中 $x_I,y_I,\dfrac{x_I}{y_I}$ 和点 G,选择"显示"→"颜色"→"参数"命令,得到点 G',隐藏迭代象。

(8) 修改参数 n 的值为"100"。

(9) 选中点 G',选择"构造"→"轨迹"命令,隐藏线段 EE',选中刚才的轨迹,选择"显示"→"追踪轨迹"命令。

(10) 依次选中点 F 和坐标原点 O,选择"编辑"→"合并点"命令,单击"动画"按钮,则得到 Mandelbrot 集,适当调整窗口大小。

◆ 课件总结

(1) 复平面内点的迭代基础知识介绍:若 $z_k=x_k+y_k i, \mu=a+bi$,则有 $z_k^2=(x_k^2-y_k^2)+2x_k y_k \cdot i, z_k^2+\mu=(x_k^2-y_k^2+a)+(2x_k y_k+b)i$,所以迭代时有 $x_{k+1}=x_k^2-y_k^2+a, y_{k+1}=2x_k y_k+b$。

Julia 集和 Mandelbrot 集合之间的区别是什么呢?

考虑 $z_{k+1}=z_k^2+\mu$,给定初值 z_0,μ,得到一个迭代序列 $\{z_k\}$。

Julia 集:固定 μ,$J_\mu=\{z_0 | 序列\{z_k\}有界\}$;

Mandelbrot 集:固定 z_0,$M_z=\{\mu | 序列\{z_k\}有界\}$。

由此得到画 Julia 集的方法是:把点 F,G 的地位互换一下,也就是把第(3)步换成在原点附近构造一点 G,度量其横坐标 x_G 和纵坐标 y_G。第(4)步换成在线段 EE' 上任取一点 F,度量其横坐标 x_F 和纵坐标 y_F,其余均不变,图 4-55 即是一个 Julia 集。

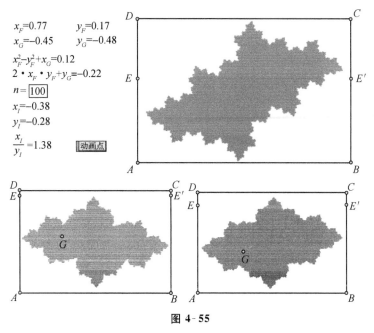

图 4-55

（2）寻找迭代终点时，通常可以先设置迭代次数的参数值较小，这样便于观察，然后再调整参数的值为较大的情况。

4.13 sin$x$ 的泰勒展开

◇ 运行效果

如图 4-56 所示，选中"depth＝7"，按键盘上的【＋】或【－】键来增加或减少迭代的次数，观察图象与 $y＝\sin(x)$ 图象的接近程度。

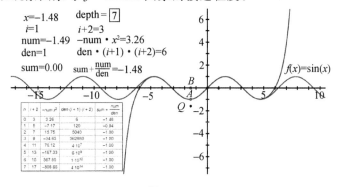

图 4-56

◈ 技术指南

(1) 创建一个参数。

(2) 改变参数值。

(3) 使用计算功能。

(4) 绘制点功能。

(5) 带参数的迭代。

(6) 构造轨迹。

◈ 制作步骤

(1) 新建一个画板,选择"绘图"→"网络样式"→"方形网格"命令,构造一个直角坐标系,右击,选择"隐藏网格"。选中 x 轴,选择"构造"→"轴上的点"命令,在 x 轴上构造一点 A,选择"度量"→"横坐标(x)"命令,得到点 A 的横坐标,把其标签改为"x"。

(2) 选择"数据"→"新建参数"命令,依次创建四个参数"$i=1$""$num=2$""$den=1$""$sum=0.00$"。

(3) 选择"数据"→"计算"命令,依次计算"$i+2$""$-num \cdot x^2$""$den \cdot (x+1)(x+2)$""$sum+\dfrac{num}{den}$"。

(4) 依次选中"x""sum",选择"绘图"→"绘制点(x,y)"命令,得到点 $B(x,sum)$。

(5) 选择"数据"→"新建参数"命令,新建参数"$depth=5$",依次选中参数"$i=1$""$num=2$""$dem=1$""$sum=0.00$""$depth=5$",按【Shift】键,选择"变换"→"深度迭代"命令,分别对应到"$i+2$""$-num \cdot x^2$""$den \cdot (i+1)(i+2)$""$sum+\dfrac{num}{den}$"。

(6) 调整 num 的初始值,因为其初始值应该为 x,所以选中 num,选择"编辑"→"编辑参数"命令,在弹出的"编辑参数定义"面板中删除数据 2,然后单击 x。

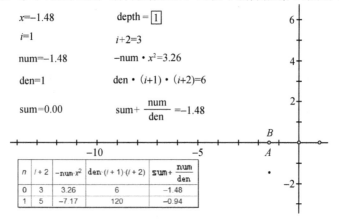

图 4-57

(7) 拖动点 A，观察图 4-57 的表格中的值和迭代象的位置。

(8) 修改参数 depth 的值为 1，选中迭代象，选择"变换"→"终点"命令，得到点 Q，选中点 A 和点 Q，选择"构造"→"轨迹"命令。

(9) 增加参数 depth 的值，观察轨迹的形状。

◆ 课件总结

(1) 图中点 A 和点 B 处于重合状态，那么当前选中的是点 A 还是点 B，如何判断呢？可以通过左下角的状态栏提示去操作，当出现"拖动选定的点或重选择绘制的点 B"时，表示当前选中的是点 A。再次单击，则选中点 B；继续单击，则再次会选中点 A。

(2) 正弦函数的泰勒展开式为 $\sin x = \dfrac{x^1}{1!} - \dfrac{x^3}{3!} + \dfrac{x^5}{5!} - \dfrac{x^7}{7!} + \dfrac{x^9}{9!} - \dfrac{x^{11}}{11!} + \cdots$，为了用多项式近似模拟正弦函数，需要通过构造迭代来实现。仔细观察展开式的项，寻找后项与前一项的关系，分别从分子和分母两个角度来理解。当迭代深度 depth=1 时，近似表达式为 $f(x)=x$；当迭代深度 depth=2 时，近似表达式为 $f(x)=x-\dfrac{x^3}{6}$，起主导作用的项是 $-\dfrac{x^3}{6}$。

(3) 由于构造迭代时参数必须是对立的对象，所以 num 刚开始不能立即赋予值 x，必须等构造好迭代后再重新赋值。

(4) 请尝试构造余弦函数的泰勒展开：$\cos x = \dfrac{x^0}{1} - \dfrac{x^2}{2!} + \dfrac{x^4}{4!} - \dfrac{x^6}{6!} + \dfrac{x^8}{8!} - \dfrac{x^{10}}{10!} + \cdots$。

✎ 拓展练习

1. 绘制如图所示的图案，并比较大圆弧弧长与所有小圆弧弧长之和的大小。

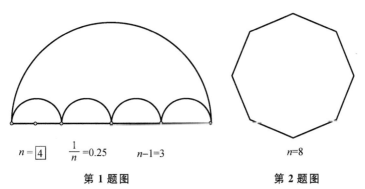

$n=\boxed{4}$ $\dfrac{1}{n}=0.25$ $n-1=3$ $n=8$

第 1 题图　　　　　　　　第 2 题图

2. 请构造如图所示的正多边形。

3. 画一个半径为 8cm 的圆,并把它平均分为 32 等份,然后拼接成一个近似的平行四边形。

4. 构造下列分形图案。

Sierpinski 三角形　　　　　　　　反雪花曲线

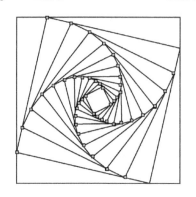

漩涡

5. 构造斐波那契数列的直观演示。

第5章 函　数

几何画板中的函数在两处可以调用,一是"数据"→"计算"命令,二是"数据"→"新建函数"命令。它们都可以调出如图 1-69 所示的函数面板,共有 13 个函数可以使用,灵活使用这些函数,极大地增强了几何画板的运算能力,也丰富了许多意想不到的功能。由于其中的 6 个三角函数(三角函数和反三角函数)大家比较熟悉,此处省略。本章将结合实例,重点介绍如何使用其他几个函数。

5.1　截尾函数 trunc(x)

截尾函数 trunc(x)表示截去参数 x 的小数部分。例如,trunc(3.2)＝3,trunc(－3.8)＝－3。

例 5.1　我的时钟。

◆ 运行效果

如图 5-1 所示,单击"计时"按钮,则秒针开始转动,屏幕上动态显示现在时间;单击"归零"按钮,则数据清零。若直接在输入框中输入具体秒数,则钟面上各个指针会指向对应的位置,图 5-1 显示的是 $t＝3800$ 秒时的状态。

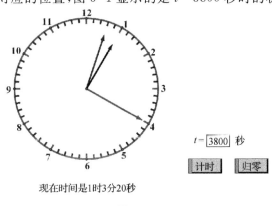

现在时间是1时3分20秒

图 5-1

◇ 技术指南

(1) 时间参数的设置。

新建变量 t(变量 t 是运行的秒数),修改其"数值"选项卡中的"精度"为"单位","动画参数"选项卡中各参数的设置如图 5-2 所示。注意两点:一个是参数的范围从 0 到 86400。为什么是 86400?(观察等式 $60×60×24=86400$)另一个是每 1 秒增加 1 个单位,这样能吻合真正的时间运行。

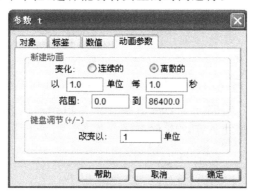

图 5-2

(2) "归零"动画按钮的设置。

选中参数"$t=**$",选择"编辑"→"操作类按钮"→"动画"命令,弹出如图 5-3 所示的对话框,在"动画"选项卡中设置"方向"为"随机",勾选"只播放一次"复选框。"改变数值"的范围从 0 到 0(设置第二个 0 非常重要,方法是输入 0.000001 即可)。

图 5-3

(3) 时间中各参数值的计算公式。

利用截尾函数 trunc(x),从而有小时数 = trunc$\left(\dfrac{t}{3600}\right)$,分钟数 = trunc$\left(\dfrac{t}{60}\right) - 60 \times$ trunc$\left(\dfrac{t}{3600}\right)$,秒数 = $t - 60 \times$ trunc$\left(\dfrac{t}{60}\right)$。

举例理解,如 $t = 3800$ 秒时,小时数显然为1,分钟数为3,秒数为20。

(4) 钟面上各针的转动。

秒针的转动,把刻度12对应的点转动"秒数×(−6°)";分针的转动,把刻度12对应的点转动"分钟数×(−6°)";时针的转动,把刻度12对应的点转动"小时数×(−30°)"。

◇ **制作步骤**

(1) 制作钟面。用画圆工具绘制一个大小适中的圆和圆面上的刻度线,双击圆心,把刻度12对应的点按比为 $0.9 : 0.9^2 : 0.9^3$ 缩放得到相应的点,然后分别与圆心构造线段,再加上箭头修饰,得到秒针、分针、时针。

(2) 获得具体时间数。新建参数 t,按照技术指南中的第(1)步和第(2)步进行设置。

(3) 按照技术指南中的第(3)步,选择"数据"→"计算"命令,计算表达式 trunc$\left(\dfrac{t}{3600}\right)$ 的值,修改标签为"小时数";计算表达式 trunc$\left(\dfrac{t}{60}\right) - 60 \times$ trunc$\left(\dfrac{t}{3600}\right)$ 的值,修改标签为"分钟数";类似地,计算表达式 $t - 60 \times$ trunc$\left(\dfrac{t}{60}\right)$ 的值,修改标签为"秒数"。

(4) 用文本输入框输入"现在时间是",单击"小时数 = trunc$\left(\dfrac{t}{3600}\right)$""时",单击"分钟数 = trunc$\left(\dfrac{t}{60}\right) - 60 \times$ trunc$\left(\dfrac{t}{3600}\right)$""分",单击"秒数 = $t - 60 \times$ trunc$\left(\dfrac{t}{60}\right)$""秒"。

(5) 按照技术指南中的第(4)步,计算各指针应旋转的角度,然后分别把时针、分针和秒针旋转到相应的位置。

(6) 选中参数"$t = **$",按照技术指南中的第(2)步设置"归零"动画按钮。

(7) 选中参数"$t = **$",设置"计时"动画按钮,修改"动画"选项卡中的"方向"为"增加","改变数值"属性为"离散"。以每1秒1个单位、范围从0到86400的方式运行。

(8) 可以对钟面进行一定的修饰。

◇ 课件总结

（1）仔细体会各个计算数值的获得。例如，小时数等于秒数除以 3600 后取整，分钟数等于总的分钟数减去整时数与 60 的乘积，秒针 1 秒钟转动的角度计算公式，分针 1 分钟转动的角度计算公式等。

（2）此方法的好处是能真实模拟时钟的运转，弥补了时钟模型不恰当而带来的不良演示效果。

（3）"归零"按钮制作中的技巧。由于目前几何画板中的运算参数的最高精度为十万分之一，所以当输入参数值为"0.000001"时，默认为 0。

5.2 四舍五入函数 round(x)

四舍五入函数 round(x) 的含义是取最靠近 x 的整数，结合具体数据理解，如有 round(3.2)=3，round(3.8)=4，round(-3.2)=-3，round(-3.8)=-4。

例 5.2 模拟掷骰子实验。

◇ 运行效果

如图 5-4 所示，单击"计数复位"按钮，则实验次数恢复为 0；单击"实验"按钮一次，则实验次数和本次点数相应变化。

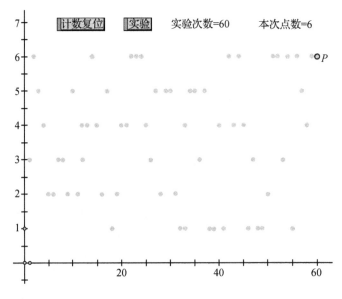

图 5-4

◆ 技术指南

(1) 统计实验次数的方法。

(2) 模拟具体点数的方法。

由于掷一颗质量均匀的骰子,出现的点数可能为 1 点、2 点、3 点、4 点、5 点和 6 点,并且是等可能出现,属于古典概型。在模拟的时候,注意数据的随机性。

◆ 制作步骤

(1) 模拟随机出现的点数。

① 新建参数"$t=0.2$"并选中,选择"编辑"→"操作类按钮"→"动画"命令,修改标签为"变化参数",在"动画"选项卡中修改"方向"为"随机",勾选"只播放一次",在范围"0"到"0.9999"中变化。

② 选择"数据"→"计算"命令,选中函数中的"round()",再单击数字键"6""*",单击参数"$t=0.2$""+""0.5",表示计算表达式 round($6t+0.5$),把标签改为"本次点数",这样就可以等可能地表示 1 到 6 的整数。

(2) 统计实验次数。

① 画一条射线 AB,在其上适当位置画两点 C,D,如图 5-5 所示,标记向量 $\overrightarrow{AC}$,把点 D 按标记的向量 $\overrightarrow{AC}$ 平移到点 E。

图 5-5

② 依次选中点 A,C,D,选择"度量"→"比"命令,得到度量值,修改其标签为"实验次数",并修改精确度为"单位"。

③ 依次选中点 D,A,选择"编辑"→"操作类按钮"→"移动"命令,选择"高速"移动,修改标签为"计数复位"。

④ 依次选中点 D,E,选择"编辑"→"操作类按钮"→"移动"命令,选择"高速"移动,修改标签为"加 1",在"移动"选项卡中按图 5-6 所示设置。

图 5-6

⑤ 依次选中"变化参数""加1"按钮,选择"编辑"→"操作类按钮"→"系列"命令,在"系列按钮"选项卡中设置"系列动作"为"依序执行",动作之间暂停为"0.5秒"。

⑥ 依次选中"实验次数""本次点数",选择"绘图"→"绘制点$(x,y)(P)$"命令,得到点P,选择"显示"→"追踪绘制的点"命令。

⑦ 选择"绘图"→"网格形式"→"矩形网格"命令,适当缩小横轴的单位长度,增加纵轴的单位长度,隐藏网格,使绘图区只留下如图5-4所示的部分。

(3) 开始实验。

单击"计数复位"按钮,然后单击"实验"按钮一次,观察实验结果,再单击一次,观察结果,图5-4为实验次数为60次的点数分布情况。(由于是随机实验,实际每次运行会不一致)

◆ **课件总结**

(1) 在第(2)步统计实验次数的第④步"加1"按钮的制作中,移动的方式有所不同,希望读者能仔细体会。当然第(2)步中的①到⑤步可以制作成一个工具。

(2) 有时为了方便观察,经常会调整坐标轴的单位长度,方法是选择"绘图"→"网格形式"→"矩形网格"命令。

5.3 符号函数

符号函数 $\mathrm{sgn}(x) = \begin{cases} 1, & x>0, \\ 0, & x=0, \\ -1, & x<0 \end{cases}$,是一个分段函数,虽然形式比较简单,但是如果能够巧妙地利用它在自变量不同的取值范围上对应法则的不同,则会令人眼界大开。

例 5.3 制作10以内的数的分解图示。

◆ **运行效果**

如图5-7所示,拖动圆A(或圆B)中的小圆到圆B(或圆A)中,则可以发现10的分解发生变化。双击参数"$R=**$"或"$r=**$",修改其值,则大圆或小圆的半径随之发生改变。

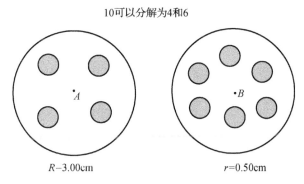

10可以分解为4和6

$R=3.00\text{cm}$ $r=0.50\text{cm}$

图 5-7

◇ **技术指南**

(1) 要判断一个小圆是否在大圆 A 或 B 中,可通过比较小圆圆心与大圆圆心的距离 d 和大圆半径 R 的大小来判断,我们希望当小圆在大圆外时,参数值为 0,当小圆在大圆内时,参数值为 1。

(2) 文本的动态改变。

◇ **制作步骤**

(1) 绘制大圆和小圆。

① 新建两个自由点 A,B,参数 $R=3.00\text{cm}$,分别以点 A 和 B 为圆心、R 为半径画圆。

② 新建一个自由点 C,参数 $r=0.50\text{cm}$,构造一个圆 C,选中该圆,用黄色填充内部区域,度量 AC,BC 的长。

(2) 构造判断工具。

① 计算 $\text{sgn}(\text{sgn}(R-AC)+1)$,在标签文本框中输入"$m_1$",将"精确度"设置为"单位"(下同)。类似地,计算 $\text{sgn}(\text{sgn}(R-BC)+1)$,在标签文本框中输入"$m_2$"。(说明:若 $m_1=0$,则表示点 C 在圆 A 外;若 $m_1=1$,则表示点 C 在圆 A 内。类似地,可分析 m_2 的值)

② 隐藏度量值 AC,BC,全选后创建新工具"判断",在脚本视图中双击点 A,在"标签"属性中勾选"自动匹配画板中的对象"。类似地,对除点 C 外的每个对象进行相同的设置。

(3) 创建动态文本。

① 选择"判断"工具,在屏幕上单击一次就出现一个圆及相应度量值,包括点 C 在内,共构造 10 个点。

② 计算下标为奇数的度量值之和 A_1,右击,修改其精度为"单位",计算下标为偶数的度量值之和 B_1,计算 A_1+B_1,选中文本工具,在绘图区拖出一个文

本框,单击"A_1+B_1",输入"可分解为",单击"A_1",输入"和",单击"B_1",调整其字体大小为"26"。隐藏所有的度量结果和小圆的圆心。

❖ **课件总结**

(1) $\text{sgn}(R-AC)$ 表示当 $R<AC$ 时,其值为 -1,而我们希望实现当 $R<AC$ 时,参数值为 0,所以再构造一个符号函数 $\text{sgn}(\text{sgn}(R-AC)+1)$,这种技巧需要仔细体会。

(2) 若把若干个小圆拖动到显示区域之外,则可以实现 10 以内的数的分解演示。若把大圆替换成盘子的图片,再把每个小圆替换成桃子,则可以更加生动地表示。如图 5-8 所示为 8 的分解。其中的替换是指这样的操作过程,拷贝一张桃子图片粘贴到绘图区,然后选中圆心,选择"编辑"→"合并图片到点"命令,通过控点适当改变图片的大小即可。

图 5-8

例 5.4 求两个数的最大公约数工具。

❖ **运行效果**

如图 5-9 所示,对于任意给定的正整数 x,y,都能快速得出它们的最大公约数。

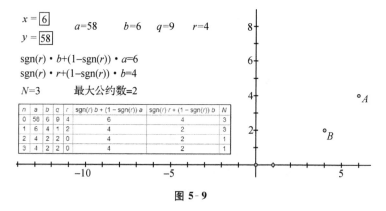

图 5-9

❖ **技术指南**

(1) 辗转相除法的主要思想。约分工具的核心是求出两个正数的最大公约数,根据关系式 $a=bq+r$,得出 $(a,b)=(b,r)$。然后根据数论相关知识,辗转相除法的迭代次数 N 满足不等式 $N \leqslant 5\lg b$(控制迭代次数)。

(2) 深度迭代的使用。

(3) 绝对值函数 abs(x) 的使用。

◆ 制作步骤

(1) 求出两个正数中的较大值。

① 选择"编辑"→"参数选项"命令,在精确度中把"其它(斜率,比…)"改为"单位"。

② 利用"数据"→"新建参数"命令,创建两个参数,分别命名为 x,y,其值设为 $x=6, y=58$。

③ 利用"数据"→"计算"命令调用计算器,分别计算"$\frac{x+y}{2}+\frac{|x-y|}{2}$","$\frac{x+y}{2}-\frac{|x-y|}{2}$",把标签分别修改为"$a$""$b$",则 a 为两个正数中的较大值,b 为两个正数中的较小值。

(2) 辗转相除法。

① 计算"$\mathrm{trunc}\left(\frac{a}{b}\right)$",把标签改为"$q$",再计算"$a-bq$",把标签改为"$r$"。

② 计算辗转相除法的迭代次数。利用"数据"→"计算"命令调用计算器,计算两个表达式"$\mathrm{sgn}(r) \cdot b+(1-\mathrm{sgn}(r)) \cdot a$""$\mathrm{sgn}(r) \cdot r+(1-\mathrm{sgn}(r)) \cdot b$"。依次单击,选择"绘图"→"绘制点"命令,得到点 A,如图 5-9 所示。

(3) 创建深度迭代。

① 计算表达式"$\mathrm{trunc}(5\log(b))$"的值,修改其标签为"N",作为迭代的最大次数。

② 依次选中"$x=6$""$y=58$""$N=3$",按【Shift】键,选择"变换"→"深度迭代"命令,依次单击"$\mathrm{sgn}(r) \cdot b+(1-\mathrm{sgn}(r)) \cdot a$""$\mathrm{sgn}(r) \cdot r+(1-\mathrm{sgn}(r)) \cdot b$",此时,坐标系中 A 点的迭代象出现,选择迭代象,选择"变换"→"终点"命令,构造迭代的终点 B。选中点 B,选择"度量"→"纵坐标"命令,得到点 B 的纵坐标 y_B(也即两数 x,y 的最大公约数),修改其标签为"最大公约数"。

◆ 课件总结

(1) 两个表达式 $\mathrm{sgn}(r) \cdot b+(1-\mathrm{sgn}(r)) \cdot a$,$\mathrm{sgn}(r) \cdot r+(1-\mathrm{sgn}(r)) \cdot b$ 的含义是当余数 $r>0$ 时,对应的值为 b,r;当余数 $r=0$ 时,对应的值为 a,b,此时 b 就是最大公约数。

(2) 借助关系式 $x \cdot y=(x,y) \cdot [x,y]$,很快能得到两数的最小公倍数。

(3) 可以借助最大公约数进行分数的约分运算。方法如下:

计算"$\frac{x}{\text{最大公约数}}$""$\frac{y}{\text{最大公约数}}$",然后单击文本输入工具,拖出一个输入框,单击面板上的"$\frac{\pi\sqrt{2}}{3}$",弹出数学公式输入面板,单击其中的"$\frac{x}{y}$",然后依次单击参数"x""y",再输入一个"="号,再次单击面板上的"$\frac{x}{y}$",在分子和分母的位置处,选中其中的"?",依次单击"$\frac{x}{最大公约数}$""$\frac{y}{最大公约数}$",则得到约分后的表达式"$\frac{6}{58}=\frac{3}{29}$"。

（4）本例中两数均为正数,若两数中有负数出现,则可以先取正后处理,然后再代入符号。

（5）在求两数中的较大值时,用到了一个函数 abs(x),它用来求表达式 x 的绝对值。在制作步骤（1）③中调用计算器命令,请读者自己探索。

例 5.5 面积问题。

◇ **背景知识**

如图 5-10 所示,四边形 $OBCD$ 是正方形,边长为 a,点 P 沿 $O\to B\to C\to D\to O$ 移动,△POB 的面积为 S,绘出 S 与 P 移动的距离 x 的关系图象。

◇ **运行效果**

拖动图 5-10 中的点 H,则绘制出 S 与 P 移动的距离 x 的关系图象。

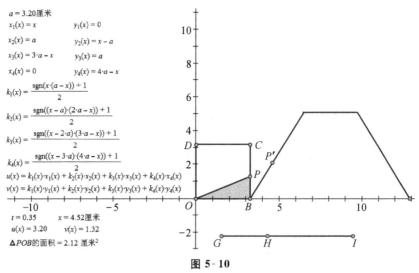

图 5-10

◇ **技术指南**

（1）借助符号函数表示点 P 在正方形 $OBCD$ 的不同边上。

（2）表示 S 与 P 移动的距离 x 之间的关系的方法。

◆ **制作步骤**

(1) 如图 5-10 所示,选择"绘图"→"定义坐标系"命令,在 x 轴的正半轴上任取一点 B,然后绘制一个正方形 $OBCD$。选中一边 OB,选择"度量"→"长度"命令,得到正方形的边长,把标签改为"a"。

(2) 选择"数据"→"新建函数"命令,新建如图 5-10 所示的 12 个函数,它们的名称分别为 $x_1(x), y_1(x), x_2(x), y_2(x), x_3(x), y_3(x), x_4(x), y_4(x), k_1(x), k_2(x), k_3(x), k_4(x)$,其表达式如图 5-10 所示。

(3) 选择"数据"→"新建函数"命令,新建两个函数 $u(x), v(x)$,其表达式如图 5-10 所示。

(4) 选择画线段工具,绘制一条水平线段 GI,选中线段 GI,选择"构造"→"线段上的点"命令,得到点 H。依次选中点 G, I, H,选择"度量"→"比"命令得到比值 $\dfrac{GH}{GI}$,修改其标签为"t"。

(5) 选择"数据"→"计算"命令,计算 $t \cdot 4a$ 的值,并把其标签改为"x"。再选择"数据"→"计算"命令,单击"$u(x)$",再单击绘图区的"x",得到函数 $u(x)$ 的值。同法得到 $v(x)$ 的值。依次选中"$u(x)$""$v(x)$",选择"绘图"→"绘制点"命令,得到点 P。

(6) 依次选中点 O, B, P,选择"构造"→"三角形内部"命令,选择"度量"→"面积"命令,得到 $\triangle POB$ 的面积。依次选中 x,$\triangle POB$ 的面积,选择"绘图"→"绘制点"命令,得到点 P'。

(7) 选中点 H, P,选择"构造"→"轨迹"命令,选中点 H, P',选择"构造"→"轨迹"命令,得到 $\triangle POB$ 的面积与 P 移动的距离 x 的关系图象。

(8) 拖动点 H 可以观察到点 P 在路径上匀速运动,同时可以观察到点 P' 的运动变化情况。

◆ **课件总结**

(1) OB, BC, CD, DO 四条边对应的参数方程分别为
$$\begin{cases} X = x_1(x), \\ Y = y_1(x), \end{cases} \begin{cases} X = x_2(x), \\ Y = y_2(x), \end{cases} \begin{cases} X = x_3(x), \\ Y = y_3(x), \end{cases} \begin{cases} X = x_4(x), \\ Y = y_4(x). \end{cases}$$

(2) 要判断点 P 在哪条线段上,可以根据关系式 $k_1(x), k_2(x), k_3(x), k_4(x)$ 来判断。例如,当点 P 在线段 OB 上时,表示移动的距离满足关系式 $0 < x < a$,所以此时对应表达式的值为 $k_1(x)=1, k_2(x)=0, k_3(x)=0, k_4(x)=0$;当点 P 在线段 BC 上时,表示移动的距离满足关系式 $a < x < 2a$,所以此时对应表达式的值为 $k_1(x)=0, k_2(x)=1, k_3(x)=0, k_4(x)=0$。类似地,可以分析当点 P 在线段 DO 上移动时,移动的距离满足的关系式和对应的表达式的值。

(3) 用类似的方法可以构造沿环形跑道的行程问题(如追击和相遇)的动画演示。

(4) 通过轨迹的形式把分段的图形连结成一个整体。

例 5.6 环形跑道。

◆ **运行效果**

如图 5-11 所示是由两个半圆和两条相等的平行线段组成的一个环形跑道。单击"动画点"按钮,小球会在环形跑道上匀速前行。

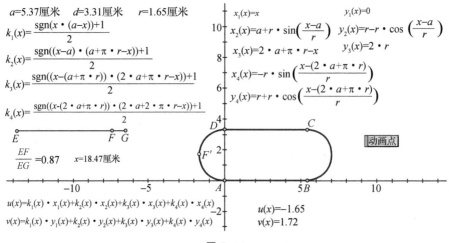

图 5-11

◆ **技术指南**

(1) 实现小球在跑道上匀速行驶的方法。

(2) 圆弧方程的建立以及判断小球运动到具体位置的方法。

◆ **制作步骤**

(1) 新建画板,选择"绘图"→"定义坐标系"命令,绘制一个如图 5-11 所示的长方形 $ABCD$ 的四个顶点。依次选中点 A,B,选择"度量"→"距离"命令,得到线段 AB 的长度,把标签修改为"a"。类似地,得到线段 BC 的长度,把标签修改为"d"。选择"数据"→"计算"命令,计算 $\dfrac{d}{2}$ 的值,并把标签修改为"r"。

(2) 选择"编辑"→"参数选项"命令,弹出如图 5-12 所示的对话框,修改角度的单位为"弧度"。

图 5-12

(3) 选择"数据"→"新建函数"命令,新建 12 个函数,它们的名称分别为 $x_1(x), y_1(x), x_2(x), y_2(x), x_3(x), y_3(x), x_4(x), y_4(x), k_1(x), k_2(x), k_3(x), k_4(x)$,其表达式如图 5-11 所示。

(4) 选择"数据"→"新建函数"命令,新建两个函数 $u(x), v(x)$,其表达式如图 5-11 所示。

(5) 选择画线段工具,绘制一条水平线段 EG,选中线段 EG,选择"构造"→"线段上的点"命令,得到点 F。依次选中点 E, G, F,选择"度量"→"比"命令,得到比值 $\dfrac{EF}{EG}$。

(6) 选择"数据"→"计算"命令,计算 $\dfrac{EF}{EG} \cdot (2a + 2\pi r)$ 的值,并把其标签改为"x"。再选择"数据"→"计算"命令,单击"$u(x)$",再单击"x",得到函数 $u(x)$ 的值。类似地,得到 $v(x)$ 的值。依次选中 $u(x), v(x)$,选择"绘图"→"绘制点"命令,得到点 F'。

(7) 选中点 F, F',选择"构造"→"轨迹"命令得到整个环形跑道。

(8) 选中点 F,选择"编辑"→"操作类按钮"→"动画"命令,得到一个"动画点"按钮,单击该按钮,发现点 F' 在环形跑道上匀速前行。

◆ 课件总结

(1) $\overparen{AB}, \overparen{BC}, \overparen{CD}, \overparen{DA}$ 对应的参数方程分别为

$$\begin{cases} X = x_1(x), \\ Y = y_1(x), \end{cases} \begin{cases} X = x_2(x), \\ Y = y_2(x), \end{cases} \begin{cases} X = x_3(x), \\ Y = y_3(x), \end{cases} \begin{cases} X = x_4(x), \\ Y = y_4(x). \end{cases}$$

如图 5-13 所示,$\theta = \dfrac{x - a}{r}$,由第(2)步的操作可知劣弧 $\overparen{BP}$ 所对的圆心角 θ

的单位是弧度,从而易得$\overset{\frown}{BC}$段对应的参数方程为$\begin{cases} x_2(x)=a+r\cdot\sin\left(\dfrac{x-a}{r}\right), \\ y_2(x)=r-r\cdot\cos\left(\dfrac{x-a}{r}\right). \end{cases}$

至于半圆弧$\overset{\frown}{DA}$所对应的参数方程,读者可自行推导。

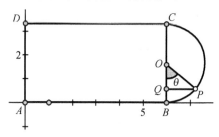

图 5-13

(2) 关系式$k_1(x),k_2(x),k_3(x),k_4(x)$用来判断点$F'$运动到哪儿。若$k_1(x)=1$,则$0<x<a$,表示点$F'$在线段$AB$上运动;若$k_2(x)=1$,则表示点$F'$在圆弧$BC$上运动。借助整体环形跑道,可以设计相向相遇问题或同向追及问题的动画演示。

例 5.7 制作个人所得税的函数图象。

根据我国个人所得税征收规定,个人所得税起征点为3500元,从2011年9月1日起实行,具体规定如下:

级数	全月应纳税所得额/元	税率/%	速算扣除数
1	(0,1500]	3	0
2	(1500,4500]	10	105
3	(4500,9000]	20	555
4	(9000,35000]	25	1005
5	(35000,55000]	30	2755
6	(55000,80000]	35	5505
7	(80000,+∞)	45	13505

试画出相应图象。

◈ **运行效果**

拖动图 5-14 中的点$P(P$的横坐标表示某人某月工资减去社保和住房公积金个人缴纳金额后剩下的收入),则其应交个人所得税自动显示,并且从两者对应的图象可以形象地观察到它们之间的关系,实现可视化效果。

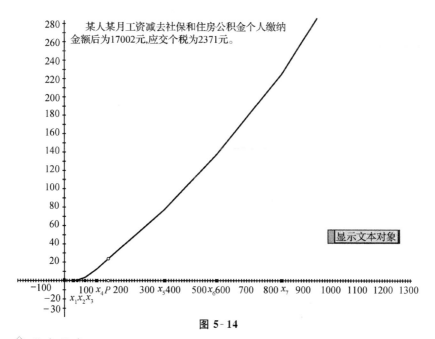

图 5-14

❖ **技术指南**

(1) "绘图"▶"网格样式"▶"矩形网格"命令的使用。

(2) 分段函数的构造。设某人某月工资减去社保和住房公积金个人缴纳金额后剩下的收入为 x 元,即全月应纳税所得额,其所交的个税表达式由下面的分段函数表示:

$$f(x)=\begin{cases} f_1(x), & x \leqslant x_1, \\ f_2(x), & x_1 < x \leqslant x_2, \\ \vdots & \vdots \\ f_i(x), & x_{i-1} < x \leqslant x_i, \\ \vdots & \vdots \\ f_n(x), & x_{n-1} < x \leqslant x_n, \\ f_{n+1}(x), & x_n < x. \end{cases}$$

构造表达式

$$F(x) = \sum_{i=2}^{n} \frac{\mathrm{sgn}(x_i - x) + \mathrm{sgn}(x - x_{i-1})}{2} \cdot f_i(x) + \frac{\mathrm{sgn}(x_1 - x) + 1}{2} \cdot$$

$f_1(x) + \dfrac{1 + \mathrm{sgn}(x - x_n)}{2} \cdot f_{n+1}(x)$,使生成的曲线作为一个整体出现,即构造点对 $(x, F(x))$,然后构造轨迹。

◆ 制作步骤

(1) 创建矩形坐标系。选择"绘图"→"网格样式"→"矩形网格"命令，创建矩形坐标系，调整横轴单位长度，使横坐标的单位长度为 100(元)，适当调整纵坐标的单位长度。

(2) 创建相应的分段函数。根据我国个人所得税征收办法，构造个人全月应纳税所得额在不同区间上对应的函数表达式，并找出分段点处的点的横坐标 $x_1,x_2,\cdots,x_7$。它们对应的值分别是 $x_1=35, x_2=50, x_3=80, x_4=125, x_5=385, x_6=585, x_7=835$。在各个区间上对应的函数表达式如下：

$f_1(x)=0, x\in(0,x_1]$；

$f_2(x)=(x-35)\times 0.03, x\in(x_1,x_2]$；

$f_3(x)=15\times 0.03+(x-50)\times 0.1, x\in(x_2,x_3]$；

$f_4(x)=15\times 0.03+30\times 0.1+(x-80)\times 0.2, x\in(x_3,x_4]$；

$f_5(x)=15\times 0.03+30\times 0.1+45\times 0.2+(x-125)\times 0.25, x\in(x_4,x_5]$；

$f_6(x)=15\times 0.03+30\times 0.1+45\times 0.2+260\times 0.25+(x-385)\times 0.3, x\in(x_5,x_6]$；

$f_7(x)=15\times 0.03+30\times 0.1+45\times 0.2+260\times 0.25+200\times 0.3+(x-585)\times 0.35, x\in(x_6,x_7]$；

$f_8(x)=15\times 0.03+30\times 0.1+45\times 0.2+260\times 0.25+200\times 0.3+250\times 0.35+(x-835)\times 0.45, x\in(x_7,+\infty)$。

(3) 描点，构造轨迹。绘制点 $X_1(35,0), X_2(50,0), X_3(80,0), X_4(125,0), X_5(385,0), X_6(585,0), X_7(835,0)$，并把它们的横坐标依次记为 $x_1,x_2,x_3,x_4,x_5,x_6,x_7$，新建函数 $F(x)=\sum_{i=2}^{7}\frac{\text{sgn}(x_i-x)+\text{sgn}(x-x_{i-1})}{2}\cdot f_i(x)+\frac{\text{sgn}(x_1-x)+1}{2}\cdot f_1(x)+\frac{1+\text{sgn}(x-x_7)}{2}\cdot f_8(x)$。

(4) 画射线 OA（A 为 x 轴上的单位点），在其上任取一点 P，度量它的横坐标 x_P，计算 $F(x_P)$，描出点 $Q(x_P, F(x_P))$，选中点 P, Q，构造轨迹。简单修饰，最后如图 5-14 所示。

◆ 课件总结

(1) 对第(2)步做适当修改，可以得到任意输入一个月总收入扣除 N 险一金后的金额，很快显示应交个税额，如图 5-15 所示。方法如下：新建一个参数 n（名称改为"请输入月总收入扣除 N 险一金后的金额"），不妨把相应参数值改为 10000，然后计算 $\frac{n}{100}$，绘制点 $\left(\frac{n}{100}, 0\right)$，再计算 $F\left(\frac{n}{100}\right)$，绘制点 $\left(\frac{n}{100}, F\left(\frac{n}{100}\right)\right)$，计算 $F\left(\frac{n}{100}\right)\cdot 100$。用文本工具输入"某人某月工资减去社保和住房公积金个人缴纳金额后",单击"n",再输入"元,应交个税为",单击"$F\left(\dfrac{n}{100}\right)\cdot 100$",再输入"元"。这样文本会作为一个整体显示。

(2) 还可插入一个按钮,链接到百度个人所得税计算器,进行对比测试。

(3) 图 5-15 可以直接得出个人所得税与输入月总收入扣除 N 险一金后的金额之间的关系。

(4) 如果用纯代数的方法,可以借助表格计算。若某人某月工资减去社保和住房公积金个人缴纳金额后为 10000 元,则可用公式(10000－3500)×20％－555(＝745)来计算。

(5) 体会本例与例 5.4、例 5.5 中符号函数的不同用法。

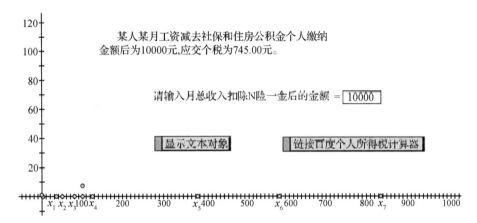

图 5-15

例 5.8 用二分法求解方程 $e^x+x=0$ 的近似根。(精确到 0.0001)

◇ 运行效果

如图 5-16 所示,选中参数"$n=15$",按【＋】键增加迭代次数,按【－】键减少迭代次数。观察右边表格中 x_n 的值,若趋于一个稳定的值,则该值就是方程 $e^x+x=0$ 的近似解。

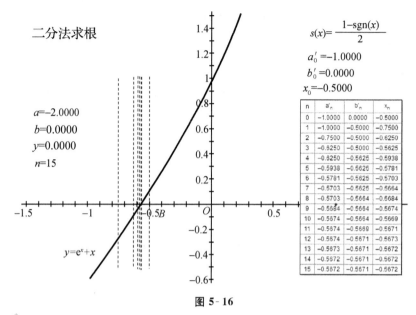

图 5-16

◆ **技术指南**

(1) 零点定理:对于在闭区间$[a,b]$上连续的函数$f(x)$,若满足$f(a)\cdot f(b)<0$,则由零点定理可知,在开区间(a,b)内至少有一个零点,即存在一个$\xi\in(a,b)$,使得$f(\xi)=0$。

(2) 二分法的区间构造基于如下分析:

先给出根的初始存在区间$[a,b]$,再找迭代区间$[a_0',b_0']$。由已知$f(a)\cdot f(b)<0$,得到或者$f\left(\dfrac{a+b}{2}\right)=0$,或者$f(a)\cdot f\left(\dfrac{a+b}{2}\right)<0$,或者$f(b)\cdot f\left(\dfrac{a+b}{2}\right)<0$。当$f(a)\cdot f\left(\dfrac{a+b}{2}\right)<0$时,根的存在区间变为$\left(a,\dfrac{a+b}{2}\right)$;当$f(b)\cdot f\left(\dfrac{a+b}{2}\right)<0$时,根的存在区间变为$\left(\dfrac{a+b}{2},b\right)$。

构造$s(x)=\dfrac{1-\mathrm{sgn}(x)}{2}$,它表示$s(x)=\begin{cases}0, & x>0,\\ \dfrac{1}{2}, & x=0,\\ 1, & x<0。\end{cases}$构造表达式

$$a_0'=s\left(f(a)\cdot f\left(\dfrac{a+b}{2}\right)\right)\cdot a+s\left(f(b)\cdot f\left(\dfrac{a+b}{2}\right)\right)\cdot\dfrac{a+b}{2},$$

$$b_0'=s\left(f(a)\cdot f\left(\dfrac{a+b}{2}\right)\right)\cdot\dfrac{a+b}{2}+s\left(f(b)\cdot f\left(\dfrac{a+b}{2}\right)\right)\cdot b。$$

则当根位于区间$\left(a,\dfrac{a+b}{2}\right)$上时,相当于$f(a)\cdot f\left(\dfrac{a+b}{2}\right)<0$且$f(b)\cdot f\left(\dfrac{a+b}{2}\right)$

>0,则有 $a'_0=a, b'_0=\dfrac{a+b}{2}$；当根位于区间 $\left(\dfrac{a+b}{2}, b\right)$ 上时，相当于 $f(a) \cdot f\left(\dfrac{a+b}{2}\right)>0$ 且 $f(b) \cdot f\left(\dfrac{a+b}{2}\right)<0$，则有 $a'_0=\dfrac{a+b}{2}, b'_0=b$；当 $f\left(\dfrac{a+b}{2}\right)=0$ 时，有 $a'_0=b'_0=\dfrac{a+b}{2}$。

◆ 制作步骤

（1）绘制函数图象，确定根的初始区间。

新建一个画板文件，选择"绘图"→"绘制新函数"命令，输入"ex+x"，单击"确定"按钮，绘制出函数 $f(x)=\mathrm{e}^x+x$ 的图象。观察图象与 x 轴的交点位置，确定根的初始区间为 $[-2, 0]$。

（2）构造辅助函数。

① 选择"数据"→"新建参数"命令，新建参数 "$a=-2.0000$"，单击"确定"按钮。类似地，新建参数 $b=0.0000, y=0, n=15$（用于控制迭代的次数）。

② 选择"数据"→"新建函数"命令，新建函数 "$s(x)=\dfrac{1-\mathrm{sgn}(x)}{2}$"。选择"数据"→"计算"命令，分别计算 $f(a) \cdot f\left(\dfrac{a+b}{2}\right)$ 和 $f(b) \cdot f\left(\dfrac{a+b}{2}\right)$ 的值，计算 $a'_0, b'_0, x_0 \left(x_0=\dfrac{a'_0+b'_0}{2}\right)$ 的值。

③ 依次选中计算值"x_0"和参数"y"，选择"绘图"→"绘制点$(x,y)(P)$"命令，画出点 $B(x_0, y)$，过点 B 画一条垂直于 x 轴的线段（不妨把其纵坐标限制在 $[-0.5, 1]$ 上），线型设为细线、虚线。

（3）建立迭代。

依次选中参数 "a" "b" 和 "n"，按【Shift】键，选择"变换"→"深度迭代"命令，迭代规则中对应法则为 $a \to a'_0, b \to b'_0$，如图 5-17 所示，单击"迭代"按钮，保留"迭代"对话框（图 5-17）中"显示"和"结构"中的默认设置，如图 5-18 所示。

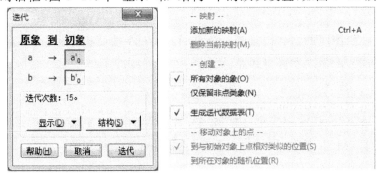

图 5-17　　　　　　　　　　**图 5-18**

◆ **课件总结**

(1) 为了提高精度,在参数 a, b, a'_0, b'_0, x_0 中都把精确度设置为万分之一。

(2) 迭代构造非常重要,在迭代属性对话框中,"结构"中有"生成迭代数据表"选项已被选中,从数据表的最后一列可以清楚地观察出方程的近似解。

(3) 有时为了观察方便,可以限制函数图象在某一个区间上显示,具体方法是:在垂线上取定两个点,构造连结这两点的线段,然后隐藏直线。

例 5.9 圆的显示与否。

◆ **运行效果**

如图 5-19 所示,修改参数 a 的值,如果 $a > b$,那么就显示半径为 r 的圆;如果 $a \leqslant b$,那么半径为 r 的圆不显示。

◆ **技术指南**

(1) 借助符号函数和倒数计算来获得相应的参数值 a 与 b 的关系。

(2) 极坐标方式平移、缩放功能的综合运用。

(3) 绘制圆的两个要素:圆心和半径。

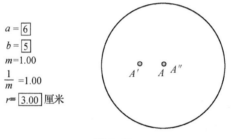

图 5-19

◆ **制作步骤**

(1) 选择"数据"→"新建参数"命令,新建两个参数"$a=6$""$b=5$"。

(2) 选择"数据"→"计算"命令,计算 $\dfrac{1+\mathrm{sgn}(-0.5+\mathrm{sgn}(a-b))}{2}$ 的值,标签改为"m"。

(3) 选择"数据"→"计算"命令,计算 $\dfrac{1}{m}$。

(4) 在绘图区的适当位置画一个点 A,把点 A 按照极坐标方式以"距离为 1 厘米,角度为 $180°$"平移得到点 A'。

(5) 双击点 A',把点 A 以比值 $\dfrac{1}{m}$ 缩放得到点 A''。

(6) 选择"数据"→"新建参数"命令,新建参数 $r=3$ 厘米,以点 A'' 为圆心、r 为半径画圆,则当 $a > b$ 时,绘制一个圆,当 $a \leqslant b$ 时,不绘制圆。

◇ **课件总结**

(1) 当 $a>b$ 时,$m=1$,则 $\frac{1}{m}=1$;当 $a\leqslant b$ 时,$m=0$,则 $\frac{1}{m}=\infty$(或者说 $\frac{1}{m}$ 无意义),从而得不到点 A''。

(2) 绘制圆有圆心和半径两个要素,当圆心不存在时,显然无法绘制圆,从而通过修改参数 a 与 b 的值来控制圆的显示与否。

例 5.10 分数的意义。

◇ **运行效果**

修改参数中分子和分母的值,出现对应的几何直观演示如图 5-20 所示,可以看出能画出假分数所对应的图形。如果同时修改分子和分母的值,还可以进行分数值大小的比较探索。

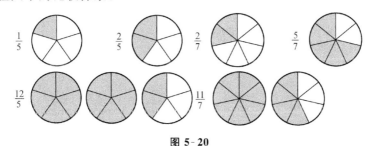

图 5-20

◇ **技术指南**

(1) 符号函数的灵活使用。

(2) 深度迭代的运用。

(3) 绝对值函数的应用。

(4) 截尾函数的使用。

(5) "平移"和"旋转"命令的使用。

(6) 多点重合时,选取某个指定的点的方法。

◇ **制作步骤**

(1) 确定圆的半径。新建画板,画两点 A,B,依次选中点 A,B,度量距离 AB,计算 "$-\frac{9}{4}AB$" 的值 $\left(-\frac{9}{4}AB\ \text{是圆心水平平移的长度}\right)$。

(2) 新建三个参数"分子=11""分母=5""$m=0$",计算"$m+1$"的值。

(3) 计算"$\frac{1+\text{sgn}(-0.5+\text{sgn}(\text{分子}))}{2}$",标签改为"分子>0"。(分子>0 时该值为 1,否则为 0)

(4) 计算"$\frac{1+\text{sgn}(-0.5+\text{sgn}(\text{分母}))}{2}$",标签改为"分母>0"。(分母>0

时该值为1,否则为0)

(5) 计算"$m-$分母$\cdot \mathrm{trunc}\left(\dfrac{m}{分母}\right)$",标签改为"$m$ 模分母",计算"$360°\cdot\dfrac{m\ 模分母}{分母}$"。

(6) 计算"$\mathrm{trunc}\left(\dfrac{m}{分母}\right)$",标签改为"$m$ 除以分母取整"。

(7) 计算"$\mathrm{trunc}\left(\dfrac{分子}{分母}\right)$",标签改为"分子除以分母取整"。

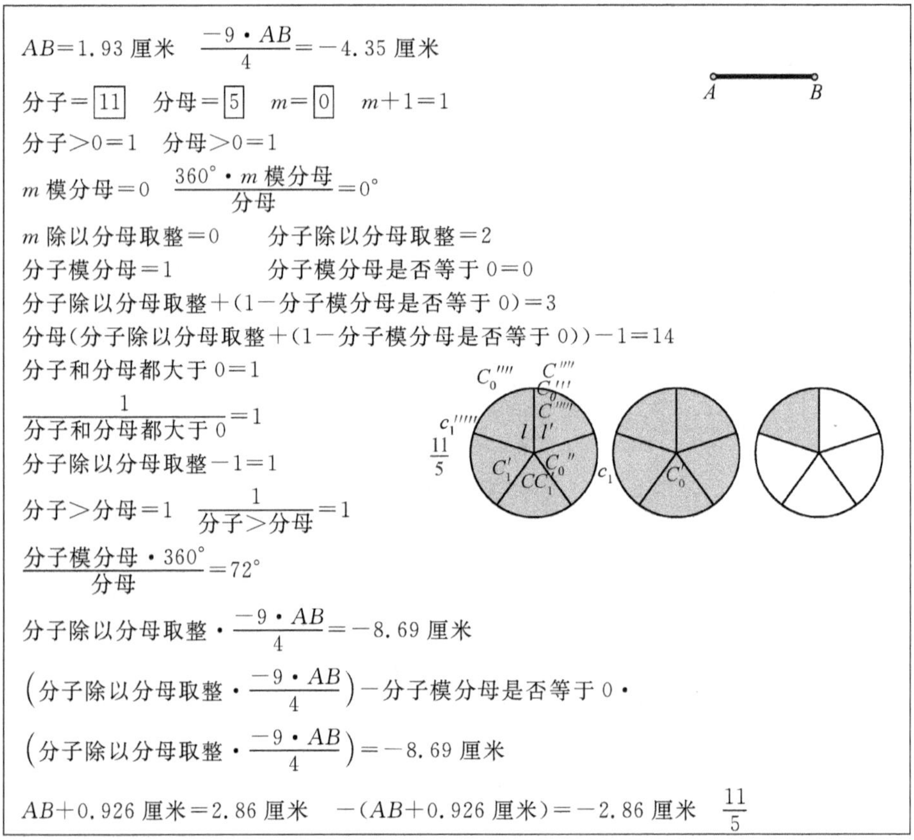

$AB=1.93$ 厘米 $\dfrac{-9\cdot AB}{4}=-4.35$ 厘米

分子= 11   分母= 5 $m=$ 0 $m+1=1$

分子$>0=1$ 分母$>0=1$

m 模分母$=0$ $\dfrac{360°\cdot m\ 模分母}{分母}=0°$

m 除以分母取整$=0$ 分子除以分母取整$=2$

分子模分母$=1$ 分子模分母是否等于$0=0$

分子除以分母取整$+(1-$分子模分母是否等于$0)=3$

分母(分子除以分母取整$+(1-$分子模分母是否等于$0))-1=14$

分子和分母都大于$0=1$

$\dfrac{1}{分子和分母都大于0}=1$

分子除以分母取整$-1=1$

分子$>$分母$=1$ $\dfrac{1}{分子>分母}=1$

$\dfrac{分子模分母\cdot 360°}{分母}=72°$

分子除以分母取整$\cdot\dfrac{-9\cdot AB}{4}=-8.69$ 厘米

$\left(分子除以分母取整\cdot\dfrac{-9\cdot AB}{4}\right)-$分子模分母是否等于$0\cdot$

$\left(分子除以分母取整\cdot\dfrac{-9\cdot AB}{4}\right)=-8.69$ 厘米

$AB+0.926$ 厘米$=2.86$ 厘米 $-(AB+0.926$ 厘米$)=-2.86$ 厘米 $\dfrac{11}{5}$

图 5-21

(8) 计算"分子$-$分母$\cdot$'分子除以分母取整'",标签改为"分子模分母"。

(9) 计算"$1-|\mathrm{sgn}(分子模分母)|$",标签改为"分子模分母是否等于0"。(整除时该值为1,否则为0)

(10) 计算"分子除以分母取整$+(1-$分子模分母是否等于$0)$"。

(11) 计算"分母$\cdot($分子除以分母取整$+(1-$分子模分母是否等于$0))-1$"。(作为画整圆的所有等分线的迭代次数)

(12) 计算"$|\mathrm{sgn}((分子>0)\cdot(分母>0))|$",标签改为"分子和分母都大于

0"。(只有当分子和分母都大于 0 时该值为 1,否则为 0)

(13) 计算"$\dfrac{1}{\text{分子和分母都大于 0}}$"。(当分子和分母都大于 0 时该值为 1,否则为∞)

(14) 计算"分子除以分母取整－1"。

(15) 计算"$\dfrac{1+\text{sgn}(-0.5+\text{sgn}(\text{分子}-\text{分母}))}{2}$",标签改为"分子＞分母"。(当分子大于等于分母时,该值为 1,否则为 0)

(16) 计算"$\dfrac{1}{\text{分子>分母}}$"。

(17) 计算"分子模分母·$\dfrac{360°}{\text{分母}}$"。

(18) 计算"分子除以分母取整·$\left(-\dfrac{9}{4}AB\right)$";

(19) 计算"分子除以分母取整·$\left(-\dfrac{9}{4}AB\right)-(\text{分子模分母是否等于 0})\cdot$ 分子除以分母取整·$\left(-\dfrac{9}{4}AB\right)$"。

(20) 计算"$-AB-0.926$ 厘米"。(作为分数值水平方向平移的距离)

(21) 用文本构造分数"$\dfrac{\text{分子}}{\text{分母}}$"。

(22) 新建一点 C,把它按"$r=-\dfrac{9}{4}AB,\theta=180°$"的极坐标方式平移得到点 C'_0。(作为后面迭代的初始点和象)

(23) 把点 C'_0 以点 C 为中心按"m 除以分母取整"的比缩放得到点 C''_0。

(24) 把点 C''_0 按"$r=AB,\theta=90°$"的极坐标方式平移得到点 C'''_0。

(25) 把点 C'''_0 按"$r=1$ 厘米,$\theta=180°$"的极坐标方式平移得到点 C''''_0。

(26) 把点 C'''_0 以 C''''_0 为中心、"$\dfrac{1}{\text{分子和分母都大于 0}}$"为比缩放得到点 C'''''。

(27) 把点 C''''_0 以 C'_0 为中心,按"$360°\cdot\dfrac{m \text{ 模分母}}{\text{分母}}$"旋转得到点 C'''''。

(28) 作线段 $C'_0C''''_0$,标签改为"l"。

(29) 以 C'_0 为中心,按"$360°\cdot\dfrac{m \text{ 模分母}}{\text{分母}}$"旋转线段 l 得到线段 l'。

(30) 依次选择参数 m,"分母·(分子除以分母＋(1－分子模分母是否等于 0))－1",按【Shift】键,选择"变换"→"深度迭代"命令,单击"$m+1$",在"结构"中不勾选"生成迭代数据表",单击"迭代"按钮,画出所有圆内的等分线段。

说明：也可这样操作，先新建一个参数"$n=5$"，然后依次选择参数"m""$n=5$"，按【Shift】键，选择"变换"→"深度迭代"命令，单击"$m+1$"。选中参数"$n=5$"，右击，弹出"编辑参数"，把值修改为"分母·(分子除以分母+(1－分子模分母是否等于0))－1"。

(31) 把点 C 按"$r=1\text{cm},\theta=180°$"的极坐标方式平移得到点 C_1'。

(32) 把点 C 以 C_1' 为中心，按"$\dfrac{1}{\text{分子}>\text{分母}}$"的比缩放得到点 C_1''。（当分子大于分母时，点 C,C_0'',C_1'' 重合在一起）

(33) 以 C_1'' 为圆心，经过点 C'''' 画圆 c_1。

(34) 作圆 c_1 的内部圆 c_1。

(35) 依次选择点"C""分子除以分母取整－1"，按【Shift】键，选择"变换"→"深度迭代"命令，单击点 C_0'。

说明：也可这样操作，新建参数"$t=2$"，依次选择点"C""$t=2$"，按【Shift】键，选择"变换"→"深度迭代"命令，单击点 C_0'，然后选中参数"$t=2$"，右击，弹出"编辑参数"，把值修改为"分子除以分母取整－1"。

(36) 以点 C 为中心，按"分子模分母·$\dfrac{360°}{\text{分母}}$"旋转点 C'''' 得到 C_1''''。

(37) 作以点 C 为中心经过点 C'''' 的圆。

(38) 在该圆上构造圆弧 $\overset{\frown}{C''''C_1''''}$。

(39) 构造由圆弧 $\overset{\frown}{C''''C_1''''}$ 所确定的扇形。

(40) 把该扇形按"分子除以分母取整·$\left(-\dfrac{9}{4}AB\right),\theta=-180°$"的极坐标方式平移。

(41) 把圆 c_1 按照"分子除以分母取整·$\left(-\dfrac{9}{4}AB\right)$－(分子模分母是否等于0)·分子除以分母取整·$\left(-\dfrac{9}{4}AB\right),\theta=-180°$"的极坐标方式平移。

(42) 把点 C 按照直角坐标方式，竖直方向 0 厘米，水平方向为"－($AB+$ 0.926)厘米"平移得到一个点，把文本"$\dfrac{\text{分子}}{\text{分母}}$"显示在该点上（方法是：依次选中该点和"$\dfrac{\text{分子}}{\text{分母}}$"，按【Shift】键，选择"编辑"→"合并文本到点"命令），隐藏该点。隐藏所有点。

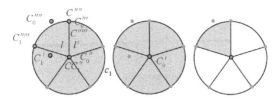

图 5-22

◆ **课件总结**

(1) 在第(32)步中,出现点 C, C_0'', C_1'' 重合时,何时表示选中哪个点? 可以按如下方法:用鼠标依次单击上述各点,则表示依次选中的点为 C, C_0'', C_1''。

(2) 正是由于分数的分子和分母都是可变的,所以让学生按下面的问题链来思考:

① 猜测把一个圆平均分成 5 份,取其中的一份是多少?想象一下它的直观表示。(展示五分之一的直观演示)

② 如果不是取一份,而是取其中的两份,又该用哪个分数表示?

③ 增加取的份数,当取到 5 份时,其结果会如何?

④ 再增加取的份数,其结果又会如何呢? 如取到 6 份时。

通过这样的问题链,不断激发学生的思维。同时继续提出:如果把一个圆平均分成 7 份,你能否提出相应的若干问题?

(3) 当学生头脑中有了前面的两个表象后,继续思考:

① 当两个分数的分子相同,分母不同时,它们的关系是怎样的? 如 $\frac{1}{5}$ 和 $\frac{1}{7}$。

② 当两个分数的分母相同,分子不同时,它们的关系是怎样的? 如 $\frac{1}{5}$ 和 $\frac{2}{5}$。

③ 根据图 5-20 中显示的分数 $\frac{12}{5}$ 的意义,感知 $\frac{12}{5}=2+\frac{2}{5}$;以及图 5-20 中显示的分数 $\frac{11}{7}$ 的意义,感知 $\frac{11}{7}=1+\frac{4}{7}$。自己设计一个假分数,通过其直观图体会有没有类似的表达式。

④ 比较 $\frac{5}{5}$ 和 $\frac{7}{7}$ 两个分数的异同,再构造一个与它们相等的分数。

⑤ 能否构造一个大于 1 且小于 2 的分数? 请说出理由。

⑥ 同时选中分子和分母,按键盘上的【+】或【-】键,观察分数值的变化。

⑦ 如果同时修改分子和分母的值,还可以进行分数值大小的比较探索,即比较 $\frac{b}{a}$ 和 $\frac{b+1}{a+1}$ 的大小。

(4) 通过本例,学生可以充分发挥自己的想象,感知分数的意义,并通过直观演示,极大地调动学生的学习积极性,培养学生观察、猜想和归纳的能力。

拓展练习

1. 尝试制作最新个人所得税直观演示图。
2. 求解方程 $\ln x+1=0$ 的近似解。(精确到 0.0001)
3. 创建一个对两个正数进行约分的工具。
4. 给出例 5.5 中 $\triangle POB$ 的周长与 P 移动的距离 x 关系的图象。
5. 制作一个可以让圆每隔 0.5 秒自动显示与隐藏的动画。

炉火纯青篇

本篇主要介绍基于若干背景知识的案例：数字方格、洞的成因、空间曲线和曲面、完全图、蒲丰投针、组合数计算和杨辉三角。案例中综合运用了绝对值函数、截尾函数、符号函数和三角函数；对颜色参数中的 HSB 模式进行了仔细讲解；对深度迭代的分步效果做了细致分析，并应用其中的随机迭代进行研究；对多参数的轨迹跟踪做出新的应用指导，对符号函数的应用达到了一种更高的境界。如果能真正理解各个案例，那么对几何画板的理解可谓驾轻就熟了。

第6章 探索

6.1 数字方格

◇ **背景知识**

数字方格图在小学中有着广泛的应用，一方面，它可以让我们观察数字的特征，发现其中蕴含的规律，如自然数的数数规律，能被 2 或 3 或 5 整除的数的特征等；另一方面，它能形象地辅助学生理解或探索一些新知，如怎样求 100 以内能被 4 或 5 整除的数的个数等。在实际应用过程中，多个参数的综合变化可以带给学生和教师无穷的探索乐趣。

◇ **运行效果**

图 6-1 显示的是 100 以内 4 的倍数或者 5 的倍数，其中 4 的倍数用橙色显示，5 的倍数用蓝色显示，既是 4 的倍数又是 5 的倍数的数用两种颜色表示。通过调整参数"橙色数字""蓝色数字"后，单击"显示橙色数字的倍数"或者"显

蓝色数字的倍数"按钮,可单独显示某一个数的倍数。单击"清除"按钮,则只显示1～100之间的数字方格。修改参数"行数""列数"可以调整方格的形状,修改参数"边长"可以调整每一个小正方形的边长,修改参数"间距"可以调整相邻两个正方形的间距大小。

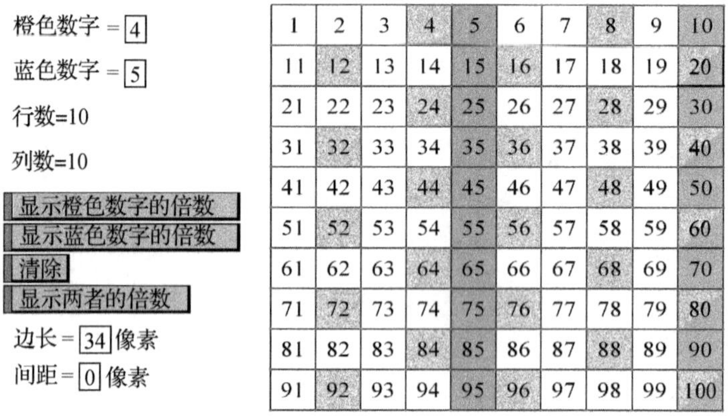

图 6-1

◆ 技术指南

(1) abs()、trunc()、sgn()等多种函数的综合运用。

(2) "颜色"→"参数"命令中"色调、饱和度、亮度"的运用。

(3) "深度迭代"的使用。

◆ 制作步骤

为便于说明,先展示制作过程中关键的步骤,如图6-2所示。

(1) 新建初始参数。

选择"编辑"→"参数选项"命令,在弹出的对话框中修改距离的单位为"像素",其他的"精确度"为"单位",新建参数"start＝1""橙色数字＝4""蓝色数字＝5""行数＝10""列数＝10""开始计数 $t_1=0$""开始计数 $t_2=0$""$c_1=0$""$c_2=0$""zero＝0",计算"列数·行数""列数·行数－1""zero""start＋1"的值。

(2) 新建倍数按钮。

依次选取"$c_1=0$""列数·行数",创建移动按钮"显示橙色数字的倍数";先后选取"$c_2=0$""列数·行数",创建移动按钮"显示蓝色数字的倍数";依次选取"$c_1=0$""zero＝0""$c_2=0$""zero＝0",创建移动按钮"清除";依次选择"$c_2=0$""$c_1=0$",创建移动按钮"移动 $c_2 \to c_1$"。依次选择"显示橙色数字的倍数""显示蓝色数字的倍数"按钮,创建系列按钮"系列2个动作"(同时执行);依次选择"移动 $c_2 \to c_1$""系列2个动作"按钮,创建系列按钮"显示两者的倍数"(依序执行)。

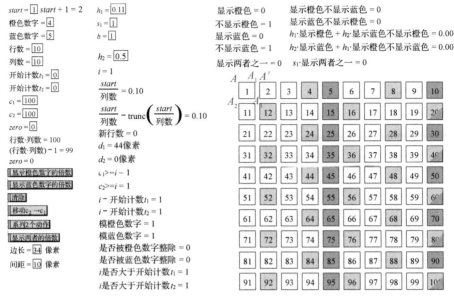

图 6-2

（3）设置颜色参数。

新建参数"边长＝34 像素""间距＝10 像素""$h_1=0.11$""$s_1=1$""$b=1$""$h_2=0.5$"（参数 h,s,b 主要用于根据色调、饱和度和亮度调色）。

（4）关键步骤处理。

① 计算"start"的值，记为变量"i"，计算"$\dfrac{\text{start}}{\text{列数}}$""$\dfrac{\text{start}}{\text{列数}}-\text{trunc}\left(\dfrac{\text{start}}{\text{列数}}\right)$"。

② 计算"$1-\left|\text{sgn}\left(\dfrac{\text{start}}{\text{列数}}-\text{trunc}\left(\dfrac{\text{start}}{\text{列数}}\right)\right)\right|$"的值，将标签改为"新行数"。

③ 计算"边长＋间距－新行数·列数·（边长＋间距）"（作为水平迭代的距离 d_1）。

④ 计算"－新行数·（边长＋间距）"（作为竖直方向迭代的距离 d_2）。

⑤ 计算"$\dfrac{1+\text{sgn}(0.5+\text{sgn}(c_1-i))}{2}$"的值，将标签改为"$c_1>=i$"（$c_1 \geqslant i$ 时值为1）。

⑥ 计算"$\dfrac{1+\text{sgn}(0.5+\text{sgn}(c_2-i))}{2}$"的值，将标签改为"$c_2>=i$"（$c_2 \geqslant i$ 时值为1）。

⑦ 计算"$i-$开始计数 t_1""$i-$开始计数 t_2"的值。

⑧ 计算"$(i-$开始计数 $t_1)-$橙色数字·$\text{trunc}\left(\dfrac{i-\text{开始计数 }t_1}{\text{橙色数字}}\right)$"的值，将标签改为"模橙色数字"。

⑨ 计算"$(i-开始计数\ t_2)-$蓝色数字$\cdot \mathrm{trunc}\left(\dfrac{i-开始计数\ t_2}{蓝色数字}\right)$",将标签改为"模蓝色数字"。

⑩ 计算"$1-|\mathrm{sgn}(模橙色数字)|$",将标签改为"是否被橙色数字整除"(不整除时该值为0)。

⑪ 计算"$1-|\mathrm{sgn}(模蓝色数字)|$",将标签改为"是否被蓝色数字整除"(不整除时该值为0)。

⑫ 计算"$\dfrac{1+\mathrm{sgn}(0.5+\mathrm{sgn}(i-开始计数\ t_1))}{2}$",将标签改为"$i$ 是否大于开始计数 t_1"(若 i 大于等于开始计数 t_1,则该值为1)。

⑬ 计算"$\dfrac{1+\mathrm{sgn}(0.5+\mathrm{sgn}(i-开始计数\ t_2))}{2}$",将标签改为"$i$ 是否大于开始计数 t_2"(若 i 大于等于开始计数 t_2,则该值为1)。

⑭ 计算"$|\mathrm{sgn}(c_1>=i)\cdot$ 是否被橙色数字整除 $\cdot\ i$ 是否大于等于开始计数 $t_1|$",将标签改为"显示橙色"。

⑮ 计算"$1-|\mathrm{sgn}(显示橙色)|$",将标签改为"不显示橙色"。

⑯ 计算"$|\mathrm{sgn}(c_2>=i)\cdot$ 是否被蓝色数字整除 $\cdot\ i$ 是否大于等于开始计数 $t_2|$",将标签改为"显示蓝色"。

⑰ 计算"$1-|\mathrm{sgn}(显示蓝色)|$",将标签改为"不显示蓝色"。

⑱ 计算"$|\mathrm{sgn}(显示橙色\cdot 不显示蓝色)|$",将标签改为"显示橙色不显示蓝色"。

⑲ 计算"$|\mathrm{sgn}(显示蓝色\cdot 不显示橙色)|$",将标签改为"显示蓝色不显示橙色"。

⑳ 计算"$h_1\cdot$ 显示橙色$+h_2\cdot$ 显示蓝色不显示橙色"。

㉑ 计算"$h_2\cdot$ 显示蓝色$+h_1\cdot$ 显示橙色不显示蓝色"。

㉒ 计算"$\mathrm{sgn}(|\mathrm{sgn}(显示橙色)|+|\mathrm{sgn}(显示蓝色)|)$",将标签改为"显示两者之一"。

㉓ 计算"$s_1\cdot$ 显示两者之一"。

(5) 深度迭代。

① 如图 6-2 所示,在屏幕的适当位置画一点 A,把它按照极坐标方式以"边长,0°""边长,270°"平移得到点 A_1,A_2,再构造正方形的第四个顶点 A_3,并把 A_3 以点 A 为中心、$\dfrac{1}{2}$ 为缩放比得到一个点,选取 i,按【Shift】键,合并文本到该点,并隐藏该点。

② 构造上三角形内部。依次选择点 A,A_1,A_2，选择"构造"→"三角形内部"命令，依次选中"h_1·显示橙色＋h_2·显示蓝色不显示橙色""s_1·显示两者之一""b"和上三角内部，选择"显示"→"颜色"→"参数"命令，出现"颜色参数"对话框，修改相应选项，如图 6-3 所示，单击"确定"按钮。类似地，构造下三角形 $A_1A_2A_3$ 内部，依次选中"h_2·显示蓝色＋h_1·显示橙色不显示蓝色""s_1·显示两者之一""b"和下三角内部，颜色选项为参数 HSB 模式。

图 6-3

③ 构造正方形 $AA_1A_3A_2$ 的四边，然后隐藏点 A_1,A_2,A_3。把点 A 按照直角坐标方式（水平移动 d_1、竖直移动 d_2）平移得到点 A'，依次选中点"A""start""列数·行数－1"，按【Shift】键，进行深度迭代，选择"点 A'""start＋1"，去掉"生成迭代数据表"选项，单击"迭代"按钮。

◆ 课件总结

（1）百数图的运用。修改间距为 0 个像素，把列数和行数都修改为 10，即可得到百数图。

① 辅助低年级学生学会数数，先把行数修改为 1，列数修改为 10，再增加行数，体会自然数的相应规则。再把行数和列数都调整为 10，产生一个百数图，通过使用各种间隔数在百数图上做出不同的模式，这样学生容易认识和描述各种类型的模式规则。教师可以借助百数图来帮助学生学习数字模式，同时也可以了解他们对数数规则的理解。通过提问，诸如"假设你从 36 开始以十为单位数，下一个应该涂色的数字是多少？"以及"假设你继续以十为单位数，你应该在 87 上涂色吗？"教师可以观察学生是否已经理解百数图上着色的数字构成的视觉模式与数数模式之间的对应关系，同时应用计算机和百数图，有助于学生认识以不同形式出现的相同模式。图 6-4 显示的是分别以 3 和 6 为单位数生成

的百数图。

1	2	3	4	5	6	7	8	9	10
11	12	13	14	15	16	17	18	19	20
21	22	23	24	25	26	27	28	29	30
31	32	33	34	35	36	37	38	39	40
41	42	43	44	45	46	47	48	49	50
51	52	53	54	55	56	57	58	59	60
61	62	63	64	65	66	67	68	69	70
71	72	73	74	75	76	77	78	79	80
81	82	83	84	85	86	87	88	89	90
91	92	93	94	95	96	97	98	99	100

以 3 为单位数

1	2	3	4	5	6	7	8	9	10
11	12	13	14	15	16	17	18	19	20
21	22	23	24	25	26	27	28	29	30
31	32	33	34	35	36	37	38	39	40
41	42	43	44	45	46	47	48	49	50
51	52	53	54	55	56	57	58	59	60
61	62	63	64	65	66	67	68	69	70
71	72	73	74	75	76	77	78	79	80
81	82	83	84	85	86	87	88	89	90
91	92	93	94	95	96	97	98	99	100

以 6 为单位数

图 6-4

② 辅助高年级学生观察、猜想和验证被某些特殊的整数整除的数的特征。只要把橙色数字改为 3，蓝色数字改为 1，即可以观察能被 3 整除的数的特征。也可以修改橙色数字为 2(或 5)，观察能被 2(或 5)整除的数的特征，如图 6-5 所示。进而理解奇数与奇数相加为偶数，奇数与偶数相加为奇数，偶数与偶数相加仍为偶数等加法规律。

1	2	3	4	5	6	7	8	9	10
11	12	13	14	15	16	17	18	19	20
21	22	23	24	25	26	27	28	29	30
31	32	33	34	35	36	37	38	39	40
41	42	43	44	45	46	47	48	49	50
51	52	53	54	55	56	57	58	59	60
61	62	63	64	65	66	67	68	69	70
71	72	73	74	75	76	77	78	79	80
81	82	83	84	85	86	87	88	89	90
91	92	93	94	95	96	97	98	99	100

2 的倍数

1	2	3	4	5	6	7	8	9	10
11	12	13	14	15	16	17	18	19	20
21	22	23	24	25	26	27	28	29	30
31	32	33	34	35	36	37	38	39	40
41	42	43	44	45	46	47	48	49	50
51	52	53	54	55	56	57	58	59	60
61	62	63	64	65	66	67	68	69	70
71	72	73	74	75	76	77	78	79	80
81	82	83	84	85	86	87	88	89	90
91	92	93	94	95	96	97	98	99	100

5 的倍数

图 6-5

③ 根据百数图，找出一列数中不符合规律的一个数。例如，从 3，12，16，30 中找出一个不符合规律的数，并说明理由。遇到这个问题，有的学生会说 3 不属于这一组数字，因为 3 是里面唯一的一位数或者奇数；有的学生会说 16 不属于这一组数字，因为用 3 间隔数时就数不到 16；还有的学生可能有另外的想法，他会说："30 是唯一以十为单位数时能够得到的数字。"

④ 如果不是百数图，每一行的个数是 7 个或 14 个，再进行 3 或 5 或其他数

的跳跃,会出现什么样的模式?学生会被视觉效果所吸引,并会不断探索新的发现。图 6-6 分别是一行为 7 格、一行为 14 格的图进行 3 的跳跃。图 6-7 是分别是一行为 7 格、一行为 14 格的图进行 5 的跳跃。

1	2	3	4	5	6	7
14	8	9	10	11	12	13
15	16	17	18	19	20	21
22	23	24	25	26	27	28
29	30	31	32	33	34	35
36	37	38	39	40	41	42
43	44	45	46	47	48	49
50	51	52	53	54	55	56

1	2	3	4	5	6	7	8	9	10	11	12	13	14
15	16	17	18	19	20	21	22	23	24	25	26	27	28
29	30	31	32	33	34	35	36	37	38	39	40	41	42
43	44	45	46	47	48	49	50	51	52	53	54	55	56
57	58	59	60	61	62	63	64	65	66	67	68	69	70
71	72	73	74	75	76	77	78	79	80	81	82	83	84
85	86	87	88	89	90	91	92	93	94	95	96	97	98
99	100	101	102	103	104	105	106	107	108	109	110	111	112

图 6-6

1	2	3	4	5	6	7
14	8	9	10	11	12	13
15	16	17	18	19	20	21
22	23	24	25	26	27	28
29	30	31	32	33	34	35
36	37	38	39	40	41	42
43	44	45	46	47	48	49
50	51	52	53	54	55	56

1	2	3	4	5	6	7	8	9	10	11	12	13	14
15	16	17	18	19	20	21	22	23	24	25	26	27	28
29	30	31	32	33	34	35	36	37	38	39	40	41	42
43	44	45	46	47	48	49	50	51	52	53	54	55	56
57	58	59	60	61	62	63	64	65	66	67	68	69	70
71	72	73	74	75	76	77	78	79	80	81	82	83	84
85	86	87	88	89	90	91	92	93	94	95	96	97	98
99	100	101	102	103	104	105	106	107	108	109	110	111	112

图 6-7

⑤ 如图 6-1 所示,调整相应参数,可以观察并验证在 1 到 100 之间能被 4 或 5 整除的数的个数的求法。学生容易观察到 20,40,60,80,100 是它们的公倍数,计数时只能算一次,进而体会算法的多样化。算法一:$5+5+10+5+5+10=40$。算法二:$\frac{100}{4}+\frac{100}{5}-\frac{100}{4\times5}=40$。算法三:$\frac{100}{4}+10+5=40$。同时它是用文氏图求解这一类型的另一模式。

⑥ 学生借助百数图或非百数图,可以探索许多有趣的结论。例如,中间某个方格中的数等于左右两数和的一半,或是上下两数和的一半,还可以探索等差数列的求和等。

(2) 颜色的相关参数。HSB 色彩模式是根据日常生活中人眼的视觉特征而制订的一套色彩模式,最接近人类对色彩辨认的思考方式。HSB 色彩模式以色相(H)、饱和度(S)和亮度(B)描述颜色的基本特征。色相(Hue)又称色调,指从物体反射或透过物体传播的颜色。在 0 到 360 度的标准色轮上,色相是按位置计量的。在通常使用中,色相由颜色名称标识。比如,红(0°或 360°)、黄

(60°)、绿(120°)、青(180°)、蓝(240°)、洋红(300°)。

在 HSB 模式中,S 和 B 的取值都是百分比,唯有 H 的取值单位是度。饱和度(Saturation)是指颜色的强度或纯度,是指某种颜色的含量多少,具体表现为颜色的浓淡程度,类似于化学中溶液的浓度。0%为纯灰色,100%为完全饱和。明度是人对色彩明暗程度的心理感觉,它与亮度有关,明度调百分之几就相当于在图层上面加了一张白色的图层,明度调 100%时就等于白色图层调了 100%,完全是白的。本例的第(5)②步中使用了相应的颜色模式,只是其中的 H 已转换为相应的弧度值[弧度与度的转换关系式为 π(弧度)=180°]。

(3) 关键步骤制作中有许多综合运用函数的计算过程,在相应步骤的小括号内都有适当的解释,请仔细体会。例如,第(4)⑩步中的"模橙色数字"如果不为零,那么"是否被橙色数字整除"的值为 1,表示该数不能被橙色数字整除,等等。

6.2 魔术揭秘——洞的成因

◆ 背景知识

魔术能抓住人的好奇心,制作出种种让人不可思议、变幻莫测的假象,使人难以识破其中的奥秘,从而达到以假乱真的艺术效果。"拼图魔术"大概的表演过程如下:魔术师拿出一个正方形的积木(如图 6-8(1)),它被分割成若干个部分,先把它弄乱,然后很快重新拼成正方形,但是有人告诉他忘拿了一小块(1×1 的正方形),经过他的一系列操作后,拼成了原来的形状(如图 6-8(2)所示,空白部分表示放入的一小块)。更为神奇的是,又有人告诉他还忘了拿一小块(1×2 的长方形),这块比刚才的那一小块还大,经过他的一系列操作后又变回原来的形状(如图 6-8(3)所示,空白部分表示放入两小块积木)。

(1)

(2)

(3)

图 6-8

第6章 探 索

为了帮助大家揭秘,先从一个简单的拼图魔术着手,思考这类魔术的关键所在。

◇ **运行效果**

单击图 6-9 中的"移动"按钮,则左图中的每一小块积木在经历简单的平移操作后变为右图,可是中间多出了一小块空白的正方形。玄妙在哪儿呢?

当鼠标在绘图区的空白区域右击,勾选"显示网格"后,观察图 6-10,会发现其中的秘密——是眼睛欺骗了我们,移动前的正方形变化后不再是正方形,而是一个长方形。

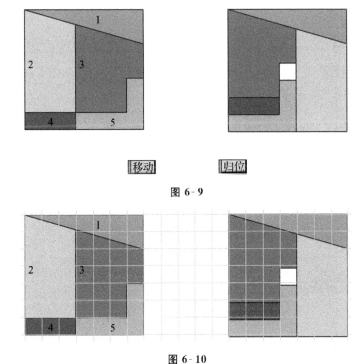

图 6-9

图 6-10

◇ **技术指南**

(1) 图 6-10 中左图各个部分的构造。

(2) 平移动画及系列按钮的制作。

◇ **制作步骤**

(1) 构图。

① 如图 6-10 所示,构造一个 7×7 的正方形 $ABCD$(记每小格的边长为 1 个长度单位,本例中为 1 厘米),找出点 E,F,G,H,I,J,K 相应的位置(它们均为格点),并构造相应的线段。

177

② 过点 F 作线段 BC 的垂线，与线段 AE 交于点 L，隐藏垂线，然后分别构造图形 1,2,3,4,5 块的内部区域。

（2）移动。

① 移动区域 1。如图 6-11 所示，构造一点 D'，连结线段 DD'，构造线段上的任意一点 D''，依次选中点 D,D'，选择"变换"→"标记向量"命令，选中区域 1 的内部和边界，选择"变换"→"平移"命令，创建由 $D''→D'$ 的移动按钮，命名为"移动 1"，创建由 $D''→D$ 的移动按钮，命名为"归位 1"。

② 移动区域 2。如图 6-12 所示，找到点 L' 的位置，然后用类似于平移区域 1 的方法创建点 $L''→L'$ 的移动按钮，命名为"移动 2"，创建 $L''→L$ 的移动按钮，命名为"归位 2"。

③ 根据图 6-13、图 6-14、图 6-15，创建相应的按钮"移动 3""归位 3""移动 4""归位 4""移动 5""归位 5"。其中点 H' 由点 M 按照直角坐标方式沿水平方向移动"0"厘米、竖直方向移动"$-\frac{36}{7}$"厘米得到，点 N 由点 M 按照直角坐标方式沿水平方向移动"0"厘米、竖直方向移动"$-\frac{43}{7}$"厘米得到。

④ 依次选中"移动 1"到"移动 5"按钮，选择"编辑"→"操作类按钮"→"系列"命令，选择"依序执行"，速度为"快速"，修改按钮名称为"移动"。依次选中"归位 1"到"归位 5"按钮，选择"编辑"→"操作类按钮"→"系列"命令，选择"同时执行"，速度为"高速"，修改按钮名称为"归位"。

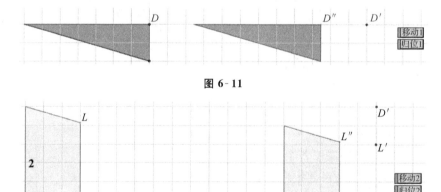

图 6-11

图 6-12

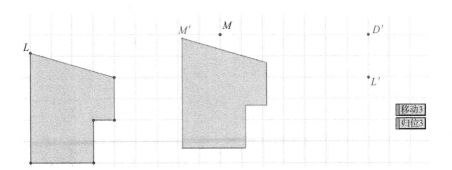

图 6-13

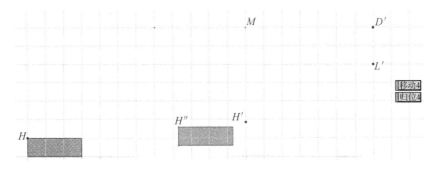

图 6-14

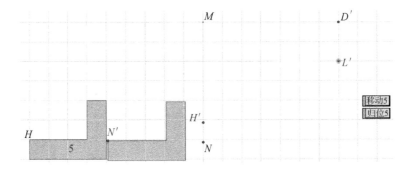

图 6-15

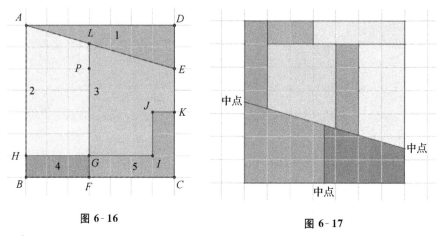

图 6-16　　　　　　　　　　　　图 6-17

◇ **课件总结**

（1）在平移过程中，每块的大小都没有发生改变，只是拼成的图形形状发生了细微的变化，原来的图形是一个 7×7 的正方形，移动后变为一个 $7\times 7\frac{1}{7}$ 的长方形（如图 6-10）。

在 $\triangle ADE$ 中，$\tan\angle DAE=\frac{1}{2}$，从而在 $\triangle LPE$ 中，易求得 $LP=\frac{8}{7}$，所以 $LG=LP+PG=\frac{8}{7}+4=\frac{36}{7}$。从而根据图 6-10，长边的长为 $\frac{36}{7}+2=7\frac{1}{7}$。

（2）在制作过程中，平移动画的构造尤其关键，只要注意到对应点如何移动，那么问题也就迎刃而解。

（3）多边形的边界可以通过下列方式来获得：右击多边形内部，在"属性"的"不透明度"中有一个"显示多边形边界"，勾选即可。

（4）关于魔术揭秘，在此提供第一幅图的相关数据示意图（图 6-17），余下的部分留给读者完成。

6.3　空间曲线和曲面

◇ **背景知识**

几何画板在实现信息技术与数学课程的整合中扮演着越来越重要的角色。尽管几何画板在辅助函数、轨迹、平面几何、平面解析几何教学等方面发挥着重要作用，但是其在服务立体几何以及空间解析几何教学方面的功能却有待进一步开发，本节将通过构造三维直角坐标系统来实现相应功能。

◆ 运行效果

拖动图 6-18 中的点 XY'，曲线或曲面在 XOY 平面发生旋转，拖动点 Z'，曲线或曲面在 Z 轴方向旋转。这样方便对空间中的曲线或曲面进行全方位的观察。

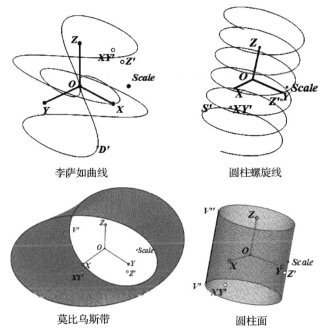

李萨如曲线　　　　　　圆柱螺旋线

莫比乌斯带　　　　　　圆柱面

图 6-18

◆ 技术指南

（1）左手直角坐标系和右手直角坐标系。

通常三维图形应用程序使用两种笛卡尔坐标系：左手系和右手系。在这两种坐标系中，x 轴的正方向指向右面，y 轴的正方向指向上面。沿 x 轴的正方向到 y 轴的正方向握拳，大拇指的指向就是相应坐标系的 z 轴的正方向。图 6-19 显示了这两种坐标系。

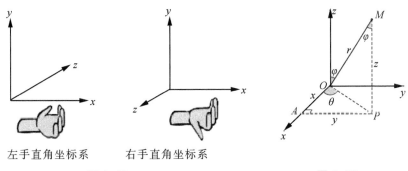

左手直角坐标系　　　　右手直角坐标系

图 6-19　　　　　　　　　　图 6-20

以右手直角坐标系为例,如图 6-20 所示,设 M 在面 xOy 上的投影为 P,点 P 在 x 轴上的投影为 A,则 $OA=x, AP=y, PM=z$,又 $OP=r\sin\varphi, z=r\cos\varphi$,因此,点 M 的直角坐标与球面坐标的关系为

$$\begin{cases} x=OP\cos\theta=r\sin\varphi\cos\theta, \\ y=OP\sin\theta=r\sin\varphi\sin\theta, \quad (0\leqslant\theta\leqslant 2\pi, 0\leqslant\varphi\leqslant 2\pi). \\ z=r\cos\varphi \end{cases}$$

这样我们就可以利用球面坐标变换公式以及三角函数知识构造出空间直角坐标系。

(2) 空间直角坐标系的构造方法。

① 如图 6-21 所示,在单位圆上取两点 Z' 和 XY',作出点 Z' 对应的正弦线和余弦线,对应点记作 SF 和 CF,再将点 CF 绕 O 旋转 $90°$,得到 z 轴的一个单位点 Z,用红色线段连结 OZ,以便区分。

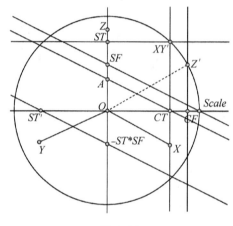

图 6-21

② 同样作出点 XY' 对应的正、余弦线,对应点用 ST 和 CT 来标记。将点 ST 绕点 O 旋转 $90°$,得到点 ST'。过点 ST' 作 SF 和 $Scale$ 点(点 $Scale$ 是控制圆 O 大小的点,且和点 O 在同一水平线上)连线的平行线,那么与 z 轴的交点恰好就是 $-ST*SF$ 的大小,标记从原点到该点的向量,将 CT 点按照这个向量平移,就是 x 轴的一个单位,同样用红色线段连结 OX。具体解释可以借助图 6-22 中的相似形。

③ 同样借助另一对相似三角形作出 $CT*SF$,也就是图 6-23 中的 OA。把 ST' 按照向量 $\overrightarrow{AO}$ 平移,就是 y 轴的一个单位。

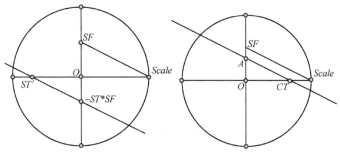

图 6-22   图 6-23

④ 只保留如图 6-24 所示的内容,把点 X,Y,Z 和圆周上的两点 Z',XY' 的"属性"→"标签"选项卡中勾选"在自定义工具中使用标签",把点 $O,Scale$ 的属性改为"自动匹配画板中的对象",创建"三维坐标系统"工具。

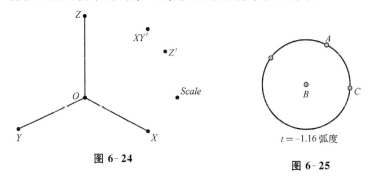

图 6-24   图 6-25

◇ **制作步骤**

(1) 李萨如曲线。

① 借助工具构造空间直角坐标系。

在平面上任意构造两点,把标签依次改为"O""$Scale$",调用工具"三维坐标系统",则自动绘制出一个三维空间坐标系,在"编辑"→"参数选项"命令中修改角度的单位为"弧度"(因为作图中的函数涉及三角函数)。

② 构造三个函数,绘制曲线。

李萨如曲线的参数方程为 $\begin{cases} x=\cos(5\theta) \\ y=\sin(3\theta), \\ z=\sin\theta \end{cases} (\theta \in [0,2\pi])$。

选择"数据"→"新建函数"命令,依次定义三个函数

$$\begin{cases} f(x)=\cos 5x, \\ g(x)=\sin 3x, \\ h(x)=\sin x。 \end{cases}$$

在适当位置绘制一个圆,如图 6-25 所示,将角度 $\angle ABC$ 的标签改为"t",计算 $f(t),g(t),h(t)$,标记三维坐标系统的中心 O,将单位点 X,Y,Z 依次按照放缩比 $f(t),g(t),h(t)$ 放缩得到点 X_1,Y_1,Z_1,过 X_1 作 OY 的平行线,过 Y_1 作 OX 的平行线,两平行线交于点 D,将点 D 按照向量 $\overrightarrow{OZ_1}$ 平移得到点 D',同时选中点 A,D',构造轨迹,隐藏不必要的点即可。

说明:(1) 如果将 $h(x)$ 修改为 $h(x)=0$,你将观察到什么结果呢?如图 6-26 所示,它是曲线在 XOY 平面上的投影,根据这个想法,可以作出曲线在各个面上的投影。有了投影的空间曲线立体感更强些。

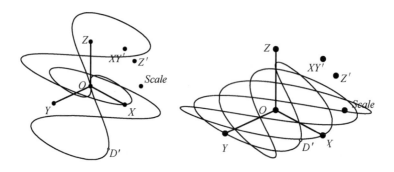

图 6-26

(2) 如果要增强立体感,可以加上一些辅助措施。把曲线放在一个正方体中,添加曲线在三个面上的投影。具体方法是:以点 O 为正方体的中心,分别作点 X,Y,Z 关于点 O 的对称点,构造一个正方体。只要作出在有公共顶点的三个面上的投影,立体感就会明显增强。画出以下几个方程组确定的图象就可以了。

$$\begin{cases} x=\cos(5\theta), \\ y=\sin(3\theta), \\ z=-1, \end{cases} \begin{cases} x=\cos(5\theta), \\ y=-1, \\ z=\sin\theta, \end{cases} \begin{cases} x=-1, \\ y=\sin(3\theta), \\ z=\sin\theta。 \end{cases}$$

为制作方便起见,通过定制工具来实现。依次选取 $f(x),g(x),h(x),t,O,X,Y,Z,D'$,制作工具"三维系统对应点"。定义新函数 $q(x)=-1$,选择定制的工具,依次选取 $q(x),g(x),h(x),t,O,X,Y,Z,D'$,得到点 F'。同时选中点 F' 和点 A,构造轨迹,将轨迹设置为虚线、灰色。分别选取如下两组元素:$f(x),q(x),h(x),t,O,X,Y,Z;f(x),g(x),q(x),t,O,X,Y,Z$,得到在其他面上的投影,最后的效果如图 6-27 所示。

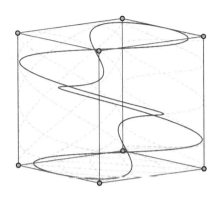

图 6-27

当然,我们可以画出一般的参数的情况,甚至只要在这个范例上稍加修改就可以达到一个动态的曲线。

(2) 绘制圆柱螺旋线。

① 借助工具构造空间直角坐标系。同上面的第(1)步,调用工具"三维坐标系统"构造一个空间直角坐标系。

② 构造三个函数,绘制曲线。

圆柱螺旋线的参数方程为 $\begin{cases} x = a\cos\theta, \\ y = b\sin\theta, \\ z = b\theta, \end{cases}$ 其中 a, b 均为常数,在空间直角坐标系中绘制该曲线。新建参数 $a = 1.2, b = 0.1$,新建三个函数

$$\begin{cases} f(x) = a\cos x, \\ g(x) = a\sin x, \\ h(x) = bx。 \end{cases}$$

绘制一个圆,给出角度 $\angle ABC$,标记为"t",新建参数"$k = 6$",计算 kt 的值。选择工具"三维系统对应点",依次单击 $f(x), g(x), h(x), kt, O, X, Y, Z$,得到点 S',同时选中点 S' 和点 A,构造轨迹,得到如图 6-28 所示的图象。

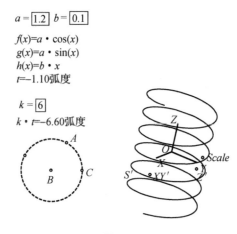

图 6-28

说明：这里的 θ 由于没有 $[0, 2\pi)$ 的限制，所以添加了一个调节参数 k，从而使得 θ 的取值范围增大。实际上，k 的作用就是增加螺旋线的圈数。

用类似的方法，可以制作圆锥螺旋线。其对应的参数方程为

$$\begin{cases} x = \rho \sin\alpha_0 \cos\theta, \\ y = \rho \sin\alpha_0 \sin\theta, \\ z = \rho \cos\alpha_0 。 \end{cases}$$

其中，$\rho = \rho_0 \mathrm{e}^{\frac{\sin\alpha_0}{\tan\beta}\theta}$，$\rho_0, \alpha_0, \beta$ 均为常数，当 $\rho_0 = 4, \alpha_0 = \dfrac{\pi}{6}, \beta = \dfrac{\pi}{3}$ 时，对应的圆锥螺旋线如图 6-29 所示。选取工具"三维系统对应点"，依次单击 $f(x), g(x), h(x)$，kt, O, X, Y, Z，得到点 S'，同时选中点 S' 和点 A，构造轨迹即可。

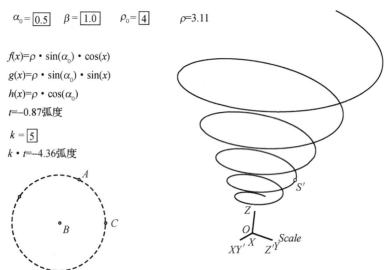

图 6-29

（3）莫比乌斯带。

① 借助工具构造空间直角坐标系。

方法同前所述。

② 构造三个函数，绘制曲面。

莫比乌斯带的参数方程为

$$\begin{cases} x(t,v) = r(t,v)\cos t, \\ y(t,v) = r(t,v)\sin t, \\ z(t,v) = bv\sin\dfrac{t}{2}。 \end{cases}$$

其中，$r(t,v) = a + bv\cos\dfrac{t}{2}$，$a$，$b$ 为常数，v 的范围为 $[-1,1]$，t 的范围为 $[0,2\pi)$。由于几何画板不支持二元函数，所以，考虑如下处理方法，设

$$\begin{cases} f(x) = a\cos t + bx\cos\left(\dfrac{t}{2}\right)\cos t, \\ g(x) = a\sin t + bx\cos\left(\dfrac{t}{2}\right)\sin t, \\ h(x) = bx\sin\left(\dfrac{t}{2}\right)。 \end{cases}$$

这里的 x 就是前面函数中的 v。若给定一个 v，就可以画出这个曲面上的一条曲线。不妨先给定 $v=-1$。仿前面的操作，新建两个参数 $a=2$，$b=1$，新建三个函数 $f(x)$，$g(x)$，$h(x)$，表达式如上。绘制一个圆，给出角度 $\angle ABC$，标记为"t"。新建两个参数 $v=-1$ 和 $v_1=1$，选择工具"三维系统对应点"后，依次单击 $f(x)$，$g(x)$，$h(x)$，$v=-1$，O，X，Y，Z，得到点 V'，同时选中点 V' 和点 A，构造轨迹；再依次单击 $f(x)$，$g(x)$，$h(x)$，$v_1=1$，O，X，Y，Z，得到点 V''，同时选中点 V'' 和点 A，构造轨迹；构造线段 $V'V''$，同时选中点 A 和线段 $V'V''$，构造轨迹，得到如图 6-30 所示的图形。

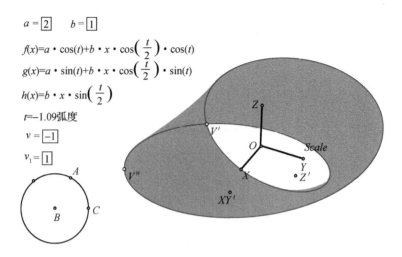

图 6-30

（4）圆柱面。

① 借助工具构造空间直角坐标系。

方法同前所述。

② 构造函数，绘制曲面。

圆柱面的参数方程为

$$\begin{cases} x = a\cos\theta, \\ y = a\sin\theta, 0 \leqslant \theta \leqslant 2\pi, |u| < \infty。 \\ z = u, \end{cases}$$

仿前面的操作，新建一个参数 $a=1$，新建四个函数 $f(x), g(x), h(x), q(x)$，表达式如图 6-31 所示。绘制一个圆，给出角度 $\angle ABC$，标记为 "t"。选择工具"三维系统对应点"后，依次单击 $f(x), g(x), h(x), t, O, X, Y, Z$，得到点 V'，同时选中点 V' 和点 A，构造轨迹；再依次单击 $f(x), g(x), q(x), t, O, X, Y, Z$，得到点 V''，同时选中点 V'' 和点 A，构造轨迹；构造线段 $V'V''$，同时选中点 A 和线段 $V'V''$，构造轨迹，得到如图 6-31 所示的图形。

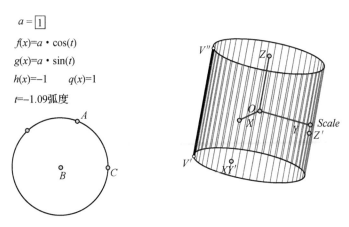

图 6-31

◇ 课件总结

（1）体会工具"三维坐标系统"和"三维系统对应点"的构造过程。

（2）对于圆柱面的构造，还可以借助追踪轨迹来实现。方法如下：新建参数 $b=-1$，函数 $r(x)=b$，构造一个运行参数 b 的动画按钮。选择工具"三维系统对应点"后，依次单击 $f(x),g(x),r(x),t,O,X,Y,Z$，得到一点 U'，同时选中点 A 和点 U'，构造轨迹，并选择"显示"→"追踪轨迹"命令，单击"动画"按钮即可。

6.4 完全图

◇ 背景知识

完全图：若一个图的每一对不同顶点恰有一条边相连，则称这个图为完全图。完全图是每对顶点之间都恰好连有一条边的简单图。

◇ 运行效果

如图 6-32 所示，拖动线段 AB 上的点 C，改变多边形的边数，则相应的多边形的完全图也发生改变。若拖动线段 DE 上的点 F，则对应的线段向外适当延伸，当边数较大时，感觉像仙人球。

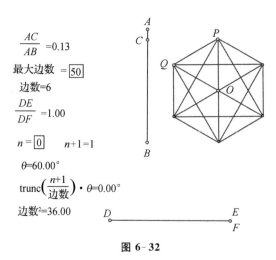

$\dfrac{AC}{AB}=0.13$

最大边数 = $\boxed{50}$

边数=6

$\dfrac{DE}{DF}=1.00$

$n=\boxed{0}$ $n+1=1$

$\theta=60.00°$

$\mathrm{trunc}\left(\dfrac{n+1}{\text{边数}}\right)\cdot\theta=0.00°$

边数² = 36.00

图 6-32

◆ **技术指南**

（1）迭代功能的巧妙运用——查看迭代过程。

（2）截尾函数的使用。

◆ **制作步骤**

（1）作一条线段 AB，在 AB 上任取一点 C，度量比值 $\dfrac{AC}{AB}$。

（2）新建参数"最大边数 = 50"（或其他正整数），并计算"$\mathrm{trunc}\left(\text{最大边数}\cdot\dfrac{AC}{AB}\right)$"，把标签改为"边数"。

（3）任作一条线段 DE，在 DE 上任取一点 F，计算比值 $\dfrac{DE}{DF}$。

（4）新建参数"$n=0$"，计算"$n+1$""$\dfrac{360°}{\text{边数}}$""$\mathrm{trunc}\left(\dfrac{n+1}{\text{边数}}\right)\cdot\dfrac{360°}{\text{边数}}$"的值，把"$\dfrac{360°}{\text{边数}}$"的标签改为"$\theta$"。

（5）任取两点 O,P，标记点 O 为旋转中心，θ 为旋转角，将点 P 旋转到点 Q。

（6）标记角 $\mathrm{trunc}\left(\dfrac{n+1}{\text{边数}}\right)\cdot\theta$，以 O 为旋转中心，将点 P 旋转到点 P'，将点 Q 旋转到点 Q'。

（7）连结 PQ'，取其中点 R，标记 R 为缩放中心，将线段 PQ' 按标记的比 $\dfrac{DE}{DF}$ 缩放。

（8）选择点 P 和参数 n，边数² 做深度迭代，将点 P、参数 n 分别映射到点 Q 和 $n+1$，删除多余的迭代象和迭代表格，隐藏不必要的元素得到图 6-32。

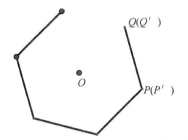

n	$n+1$	$\operatorname{trunc}\left(\dfrac{n+1}{边数}\right)\cdot\theta$
0	1	0.00°
1	2	0.00°
2	3	0.00°
3	4	0.00°
4	5	0.00°

图 6-33

当 $n+1=5$ 时，新迭代产生的点 P 与 P' 重合，点 Q 与 Q' 重合，如图 6-33 所示；当 $n+1=6$ 时，新迭代产生的点 P,P',Q,Q' 的关系如图 6-34 所示，此时 P' 与 Q 重合。

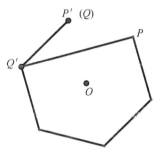

n	$n+1$	$\operatorname{trunc}\left(\dfrac{n+1}{边数}\right)\cdot\theta$
0	1	0.00°
1	2	0.00°
2	3	0.00°
3	4	0.00°
4	5	0.00°
5	6	60.00°

图 6-34

类似地，当 $n+1=7$ 时，新迭代产生的点 P,P',Q,Q' 的关系如图 6-35 所示；当 $n+1=11$ 时，迭代产生的点 P,P',Q,Q' 的关系如图 6-36 所示；当 $n+1=12$ 时，迭代产生的点 P,P',Q,Q' 的关系如图 6-37 所示。

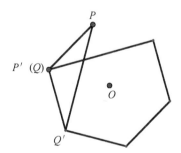

n	$n+1$	$\operatorname{trunc}\left(\dfrac{n+1}{边数}\right)\cdot\theta$
0	1	0.00°
1	2	0.00°
2	3	0.00°
3	4	0.00°
4	5	0.00°
5	6	60.00°
6	7	60.00°

图 6-35

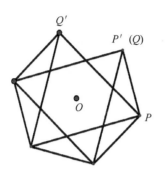

n	$n+1$	$\text{trunc}\left(\dfrac{n+1}{\text{边数}}\right) \cdot \theta$
0	1	0.00°
1	2	0.00°
2	3	0.00°
3	4	0.00°
4	5	0.00°
5	6	60.00°
6	7	60.00°
7	8	60.00°
8	9	60.00°
9	10	60.00°
10	11	60.00°

图 6-36

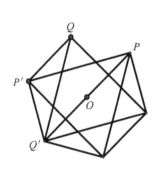

n	$n+1$	$\text{trunc}\left(\dfrac{n+1}{\text{边数}}\right) \cdot \theta$
0	1	0.00°
1	2	0.00°
2	3	0.00°
3	4	0.00°
4	5	0.00°
5	6	60.00°
6	7	60.00°
7	8	60.00°
8	9	60.00°
9	10	60.00°
10	11	60.00°
11	12	120.00°

图 6-37

◇ 课件总结

（1）观察迭代过程的细节非常重要，读者可以细细品味图 6-33 到图 6-37 的变化过程。具体操作方法如下，把制作步骤中的第(8)步修改为：依次选中点 P，参数 $n=0$，选择"变换"→"迭代"命令，分别对应点 Q 和 $n+1$，勾选"生成迭代数据表"，单击"迭代"按钮。然后选中"迭代数据表"，按键盘上的【＋】（按【Shift】键）或【－】键即可逐步观察迭代过程。

（2）由细化过程，可以观察迭代次数是否一定为"边数的平方"。事实上，最少迭代次数是(边数－1)^2。

改进版的制作过程如下：

◆ 制作步骤

(1) 作一条线段 AB,在 AB 上任取一点 C,度量比值 $\dfrac{AC}{AB}$。

(2) 新建参数"最大边数 = 50"(或其他正整数),并计算"trunc$\left(\text{最大边数}\cdot\dfrac{AC}{AB}\right)$",把标签改为"边数"。

(3) 新建参数"$n=0$",计算"$n+1$""$\dfrac{360°}{\text{边数}}$""trunc$\left(\dfrac{n+1}{\text{边数}}\right)\cdot\dfrac{360°}{\text{边数}}$"的值。

(4) 任取两点 O,P,标记点 O 为旋转中心,$\dfrac{360°}{\text{边数}}$ 为旋转角,将点 P 旋转到点 Q。

(5) 标记角 trunc$\left(\dfrac{n+1}{\text{边数}}\right)\cdot\dfrac{360°}{\text{边数}}$,以 O 为旋转中心,将点 Q 旋转到点 Q'(此时点 Q 与点 Q' 重合)。

(6) 连结 PQ',隐藏点 Q'(用鼠标单击后通过屏幕左下角的提示来理解选中的是点 Q 还是点 Q'),选择点 P 和参数 n,(边数-1)^2 做深度迭代,将点 P、参数 n 分别映射到点 Q 和 $n+1$,隐藏不必要的元素得到图 6-38。

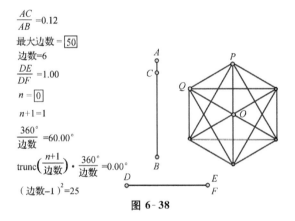

图 6-38

6.5 蒲丰投针

◆ 背景知识

1977 年,法国科学家蒲丰提出了投针实验问题:向平面上画有等距离为 $a(a>0)$ 的一些平行直线任意投掷一根长为 $b(b<a)$ 的针,然后借助频率的稳定性,得到了圆周率的近似值。

◇ **运行效果**

如图 6-39 所示,单击"开始投针"按钮,则进行投针实验,并且比值"相交次数/投针总次数"会发生变化。若直接单击参数"投针总次数",修改参数值为"100000",则发现比值在 3.14 附近。

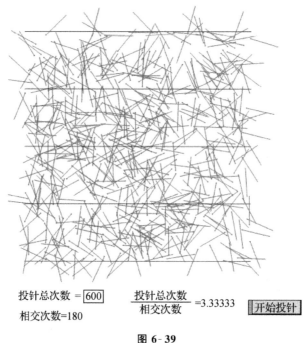

图 6-39

◇ **技术指南**

(1) 符号函数、截尾函数、三角函数的综合运用。

(2) 含参数迭代中的随机迭代的运用。

(3) 参数的大数据输入的应用。

◇ **制作步骤**

(1) 完成基本构图。

如图 6-40 所示,选择"绘图"→"定义坐标系"命令,右击鼠标,选择"隐藏网格"。画一个正方形 $ABCD$,使 AB 边与 x 轴平行,再将线段 AD 四等分,分点分别是 E,F,G,再过这些分点分别作 AD 的垂线(作为等距的平行线)。度量线段 AE 的长度(作为平行线间的距离 a),计算 $\dfrac{a}{2}$(作为针长 l),选中 x 轴上的单位点,隐藏。

(2) 计算各关键量。

在线段 AD 上任取一点 I,过点 I 作 AD 的垂线,在线段 AB 上任取一点 J,过点 J 作 AB 的垂线,两条垂线交于点 K,隐藏两条垂线。以点 K 为圆心、针长

l 为半径作圆,并在圆周上任取一点 L,作线段 KL(线段 KL 用来模拟投针),取其中点 M,度量点 M 与点 A 的纵坐标 y_M, y_A,计算"$\text{trunc}\left(\dfrac{(y_M - y_A) \cdot 1 \text{厘米}}{a}\right)$",把标签改为"$b$",再计算"$(y_M - y_A) \times 1 \text{厘米} - a \times b$",把标签改为"$d_1$",计算"$a - d_1$",把标签改为"$d_2$"($d_1, d_2$ 分别表示线段 KL 的中点 M 到邻近的两条平行线的距离),计算"$\dfrac{1 + \text{sgn}(l - d_1)}{2} \cdot d_1 + \dfrac{1 + \text{sgn}(l - d_2)}{2} \cdot d_2$",把标签改为"$d$"($d$ 表示 d_1 与 d_2 中较小者),度量线段 KL 的斜率,修改其标签为"k",计算"$\arctan|k|$",并修改其标签为"α"(右击标签改为{alpha}),隐藏点 K, M,圆 K。

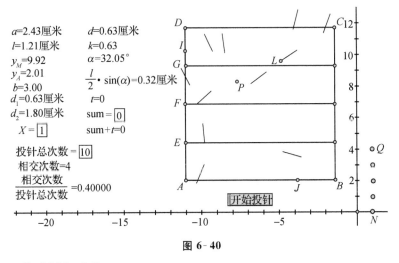

图 6-40

(3) 构造随机迭代。

计算"$\dfrac{l}{2} \cdot \sin\alpha$",再计算"$\dfrac{1 + \text{sgn}\left(\dfrac{l}{2} \cdot \sin\alpha - d\right)}{2}$",将标签改为"$t$"(线段 KL 与平行线相交时,$t=1$;线段 KL 与平行线不相交时,$t=0$)。新建参数"$\text{sum}=0$",计算"$\text{sum}+t$",再新建参数"$X=1$",以 $X=1$ 为横坐标、$\text{sum}+t$ 为纵坐标绘制点 N;再新建参数"投针总次数 $=10$",在正方形内任取一点 P,依次选择点 I,J,P,sum,投针总次数,按【Shift】键进行深度迭代,分别将其映射为 J, I, L,$\text{sum}+t$,并选择"随机迭代",如图 6-41 所示,去掉"生成迭代数据表"前的"√",即不显示数据表。尤其注意的是要勾选"到所在对象的随机位置",单击"迭代"按钮。再选中点 N 生成的迭代象(注意必须有针与线相交后才会找到),选择"变换"→"终点"命令,把标签改为"Q",度量其纵坐标,把标签修改为"相交次数",计算表达式"$\dfrac{\text{相交次数}}{\text{投针总次数}}$"的值,修改精确度为万分之一。

(4) 制作动画按钮。

选中参数"投针总次数＝6",选择"编辑"→"操作类按钮"→"动画"命令,设置其属性如图 6-42 所示,修改其标签为"开始投针",隐藏除图 6-39 外的对象。

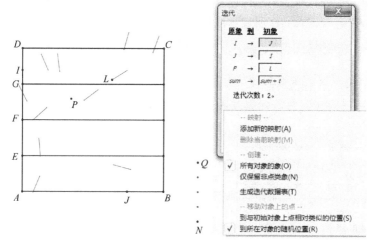

图 6-41

图 6-42

❖ **课件总结**

(1) 参数"投针总次数"的初始值不要太少,关键是要出现针与平行线相交的情况,这样就方便选中点 N 生成的迭代象,迭代象的终点 Q 的纵坐标就是相交的次数。

(2) 第(4)步中隐藏对象时,把第一根初始针 L 隐藏,并且让它不与平行线相交,这样不影响数据较小时的比值。

(3) 本实验是通过概率的方法获得 π 值的一种创新。简要叙述推导过程如下：

由统计实验估计得 $P \approx \dfrac{m}{n}$，其中 m 表示相交次数，n 表示投针总次数。

如图 6-43 所示，由几何概率得 $P = \dfrac{g \text{ 的面积}}{G \text{ 的面积}} = \dfrac{\dfrac{l}{2}\int_0^\pi \sin\varphi \mathrm{d}\varphi}{\dfrac{a}{2}\pi} = \dfrac{2l}{\pi a}$，其中 l 表示针长，a 表示平行线的间距，本例中针长与平行线的间距满足关系式 $a = 2l$，所以得到 $\pi \approx \dfrac{n}{m}$。

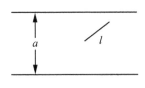
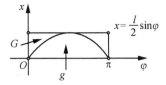

图 6-43

6.6 组合数的计算

◇ 背景知识

从 n 个不同元素中，任取 $m(m \leqslant n)$ 个元素并成一组，叫作从 n 个不同元素中取出 m 个元素的一个组合；从 n 个不同元素中取出 $m(m \leqslant n)$ 个元素的所有组合的个数，叫作从 n 个不同元素中取出 m 个元素的组合数，记为 C_n^m。其计算公式为

$$C_n^m = \dfrac{n!}{m!(n-m)!} = \dfrac{n}{1} \cdot \dfrac{n-1}{2} \cdot \ldots \cdot \dfrac{n-m+1}{m}。$$

◇ 运行效果

如图 6-44 所示，选中参数 m 或者 n，按键盘上的【+】或【−】号可以增加或减少相应参数的值，对应的 C_n^m 的值也随之变化。

$n = \boxed{7} \quad m = \boxed{5} \quad C_7^5 = 21$

图 6-44

◇ 技术指南

(1) 符号函数的巧妙运用。
(2) "变换"→"终点"命令的使用。
(3) "深度迭代"功能的应用。

◇ **制作步骤**

（1）新建四个参数"$n=7$""$m=5$""$k=0$""$c=1$"，计算"$k+1$"的值。

（2）计算"$1-\text{sgn}(k)+\dfrac{\text{sgn}(k)(n-k+1)}{k+1-\text{sgn}(k)} \cdot c$"，修改标签名称为"$C(n,k)$"。

（3）依次选中"$k=0$""$C(n,k)=1$"，选择"绘图"→"绘制点(x,y)"命令，隐藏网格。

（4）依次选中"$k=0$""$c=1$""$m=5$"，按【Shift】键，选择"变换"→"深度迭代"命令，$k \to k+1, c \to C(n,k)$，得到图6-45。

（5）选中迭代图象，选择"变换"→"终点"命令，得到终点B，度量其纵坐标，得到y_B。

（6）用文本框输入C_n^m，注意m,n均为要选取的绘图区中的参数，再输入"＝"号，单击"y_B"。

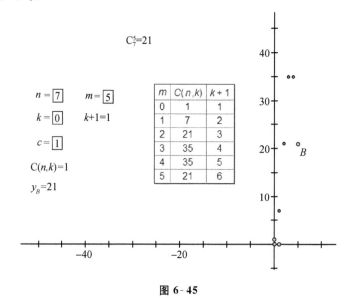

图 6-45

◇ **课件总结**

（1）在操作过程中，参数m的值保持小于等于n的值，这是组合数C_n^m定义的要求。

（2）符号函数的巧妙使用。在第（2）步中，为了使得$k=0$时迭代公式有意义，构造了表达式

$$1-\text{sgn}(k)+\dfrac{\text{sgn}(k)(n-k+1)}{k+1-\text{sgn}(k)} \cdot c = \begin{cases} 1, & k=0, \\ \dfrac{n-k+1}{k}, & k>0, \end{cases}$$

这样和 $C_n^m = \dfrac{n \cdot (n-1) \cdot (n-2) \cdots (n-m+1)}{1 \cdot 2 \cdot 3 \cdots n} = \dfrac{n}{1} \cdot \dfrac{n-1}{2} \cdot \dfrac{n-2}{3} \cdots \cdot \dfrac{n-m+1}{m}$ 的迭代关系式一致。

（3）如果参数 n 的值不变，只改变参数 m 的值，可以直观观察组合数 C_n^m 的变化规律。当然这些数据也可以借助图 6-45 中的表格反映出来。

（4）同时选中参数 m, n，增加或减少参数的值，观察数据的变化，并设法进行理论证明。

6.7 杨辉三角

❖ 背景知识

杨辉三角是二项式系数在三角形中的一种几何排列。在欧洲，这个表叫帕斯卡三角形。杨辉三角有许多重要的性质，如每行数字左右对称，第 n 行的第 m 个数和第 $n-m+1$ 个数相等。

❖ 运行效果

选中图 6-46 中的参数"$n=35$"，按键盘上的【+】或【-】号键调整杨辉三角形中数的总量，可以发现组合数据会自动产生，形成杨辉三角图形。如果调整参数 a 的值，那么行距会发生变化；如果调整参数 b 的值，那么列距会发生变化。

$a=$ 0.7 厘米　$b=$ 1.2 厘米　　　　$n=$ 35
$t=$ 0 　　　$t+1=1$
$c=$ 1
$m=0$
$k=0$
$C(m,k)=1$
$-m \cdot a = 0.00$ 厘米
$\left[k - \left(\dfrac{m}{2}\right)\right] \cdot b = 0.00$ 厘米

```
                    1
                  1   1
                1   2   1
              1   3   3   1
            1   4   6   4   1
          1   5  10  10   5   1
        1   6  15  20  15   6   1
      1   7  21  35  35  21   7   1
```

图 6-46

❖ 技术指南

（1）截尾函数的运用。

（2）符号函数的巧妙使用。

（3）带参数的迭代功能的运用。

◇ **制作步骤**

(1) 新建五个参数"$a=0.7$ 厘米""$b=1.2$ 厘米""$t=0$""$c=1$""$n=20$",其中 a,b 分别控制行距和列距,t 表示显示数据数,c 用于计算组合数,n 作为迭代次数。

(2) 计算行数"$\text{trunc}\left(\dfrac{\sqrt{8\cdot t+1}-1}{2}\right)$"的值,并把标签改为"$m$",用来计算对应的 t 所在的行数。

(3) 计算列数"k",k 表示 t 在第 m 行的列数。因为前 m 行(从第 0 行算起)的总数是 $\dfrac{m(m+1)}{2}$,所以计算 $t-\dfrac{m(m+1)}{2}$ 的值,将标签改为"k"。从而每一行与这一行的组合数 C_m^k 的上小标相吻合。

(4) 计算 $C(m,k)$。计算"$1-\text{sgn}(k)+\dfrac{\text{sgn}(k)(m-k+1)}{k+1-\text{sgn}(k)}\cdot c$",将标签改为"$C(m,k)$",并把精度修改为"单位"。

(5) 借助文本与点的合并,实现组合数 $C(m,k)$ 与点的融合。计算"$-m\cdot a$""$\left(k-\dfrac{m}{2}\right)\cdot b$"的值,在画板的适当位置画一个点 A,把点 A 按直角坐标方式平移,竖直方向上平移 $-m\cdot a$ 个单位,水平方向上平移 $\left(k-\dfrac{m}{2}\right)\cdot b$ 个单位,得到平移后的点 A',选中点 A,隐藏,选中 $C(m,k)$ 和点 A',按【Shift】键,选择"编辑"→"文本与点合并"命令,合并后,隐藏点 A'。

(6) 计算"$t+1$",选中参数 t,c 和迭代次数 n,按【Shift】键,选择"变换"→"深度迭代"命令,$t\to t+1$,$c\to C(m,k)$,单击"确定"按钮,就可以得到杨辉三角图,如图 6-46 所示。

◇ **课件总结**

(1) 判断对应的 t 次迭代后所在的行数公式源于 $\dfrac{m(m+1)}{2}\leqslant t$,根据临界点,由求根公式得到 $m=\dfrac{\sqrt{8t+1}-1}{2}$。借助截尾函数,很容易得到相应的第几行。

(2) 使用"点与文本的合并"功能时,必须按【Shift】键。其中点水平方向移动的距离根据行数会发生相应改变,竖直方向上移动的距离相对容易理解。对于平移后的点 A' 可以这样得到:调整参数 t 的值为 1,然后隐藏点 A,再把参数 t 的值调整为 0。这是一种选择点的技巧。

(3) 水平方向偏移的距离计算公式为 $\left(k-\dfrac{m}{2}\right)\cdot b$,可以结合图 6-47,简单

观察得到。

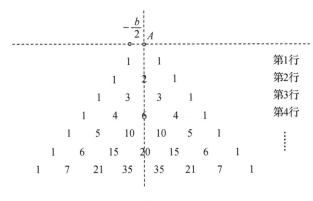

图 6-47

（4）用类似的思想制作乘法口诀表，如图 6-48 所示。

1×1=1
1×2=2 2×2=4
1×3=3 2×3=6 3×3=9
1×4=4 2×4=8 3×4=12 4×4=16
1×5=5 2×5=10 3×5=15 4×5=20 5×5=25
1×6=6 2×6=12 3×6=18 4×6=24 5×6=30 6×6=36
1×7=7 2×7=14 3×7=21 4×7=28 5×7=35 6×7=42 7×7=49
1×8=8 2×8=16 3×8=24 4×8=32 5×8=40 6×8=48 7×8=56 8×8=64
1×9=9 2×9=18 3×9=27 4×9=36 5×9=45 6×9=54 7×9=63 8×9=72 9×9=81

图 6-48

制作步骤如下：

（1）新建四个参数"$a=0.7$ 厘米""$b=2.0$ 厘米""$t=0$""$n=44$"，其中 a,b 分别控制行距和列距，t 表示总数，n 作为迭代次数。

（2）计算"$\text{trunc}\left(\dfrac{\sqrt{8 \cdot t+1}-1}{2}\right)$"的值，并把标签改为"$m$"，用来判断对应的 t 所在的行数。

（3）计算列数"k"，k 表示 t 在 m 行的哪个位置。因为前 m 行的总数是 $\dfrac{m(m+1)}{2}$，所以计算 $t-\dfrac{m(m+1)}{2}$ 的值，将标签改为"k"。

（4）计算"$m+1$""$k+1$""$(m+1) \cdot (k+1)$"的值，然后单击文本工具，在空白区域拖出一个输入框，单击"$m+1$""×""$k+1$""＝""$(m+1) \cdot (k+1)$"，其中的"×"可以调用软键盘中的数学符号进行输入。

（5）计算"$-m \cdot a$""$k \cdot b$"的值，在画板的适当位置画一个点 A，把点 A 按

直角坐标方式平移,竖直方向上平移－m·a 个单位,水平方向上平移 k·b 个单位,得到平移后的点 A',选中点 A,隐藏,选中第(4)步得到的文本和点 A',按【Shift】键,选择"编辑"→"文本与点合并"命令,合并后,隐藏点 A'。

(6) 计算"$t+1$",选中参数 t 和迭代次数 n,按【Shift】键,选择"变换"→"深度迭代"命令,$t→t+1$,单击"确定"按钮,就可以得到乘法口诀表。

拓展练习

1. 尝试制作平行线间距为 a、针长为 l 的蒲丰投针实验。(针长与间距间的关系可以不是 $a=2l$ 的关系)

2. 制作由图(1)变化到图(2)的动画。

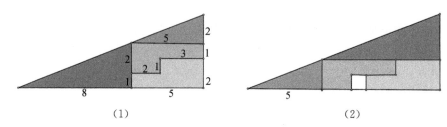

第 2 题图

3. 根据单叶双曲面的参数方程 $\begin{cases} x=\sqrt{1+u^2}\cos\theta, \\ y=\sqrt{1+u^2}\sin\theta, \\ z=2u, \end{cases}$ 用追踪轨迹的方法绘制相应曲面。

4. 用类似杨辉三角形的作法构造下图。

```
                0
              1   2
            3   4   5
          6   7   8   9
        10  11  12  13  14
      15  16  17  18  19  20
    21  22  23  24  25  26  27
  28  29  30  31  32  33  34  35
```

第 4 题图

5. 构造一个可以改变棱的虚实的空间正八面体。

参考文献

[1] 刘胜利.几何画板课件制作教程[M].北京:科学出版社,2007.

[2] 陶维林.4.03版几何画板实用范例教程[M].北京:清华大学出版社,2003.

[3] 刘同军.几何画板在数学教学中的应用[M].山东:中国石油大学出版社,2005.

[4] 江玉军.几何画板5.0从入门到精通[M].广东:中山大学出版社,2011.

[5] 朱俊杰,缪亮,周传高.几何画板课件制作百例[M].北京:清华大学出版社,2005.

[6] 许冬云.两个圆柱体的体积一样大吗?[J].中小学信息技术教育,2005(08).